Fifty Plants That Changed the
Course of History

改变历史进程的
50种植物

（英）比尔·劳斯 著
高萍 译

青岛出版社
QINGDAO PUBLISHING HOUSE

Contents
/目录/

了解那些发生在身边的世界变化

Introduction
/前言/

覆满植物的大地犹如穿上了一袭华美的绣袍，袍子上缀满了来自东方的珍珠和各种各样珍稀而昂贵的珠宝。还有什么事情能比注视着这样的地球更令人愉悦呢？

——《植物志》（1597），约翰·杰勒德著

倘若世界上的植物突然全部灭绝，我们人类亦会步其后尘。植物无言地见证了我们在地球上的进化过程，但这一点却很容易就被忽视。地球上生长着 25 万—30 万种植物，但它们却好像一块完美的背景布，映衬着人类永不停歇的活动，比如人们遛着狗儿穿过的那一片宁静的橡树林，或者驾驶汽车经过的紫色薰衣草花田，又或者乘着火车穿过的那一片麦田。

本章摘要：
提神饮料
早在几个世纪以前，人们就已经开始烘培、研磨以及冲泡小果咖啡的果实。

植物与人类

事实上，植物在人类历史的塑造过程中扮演了一个十分具有能动性的角色。正是得益于植物吸收二氧化碳释放氧气这一呼吸作用，地球才有了生灵遍地的可能。植物甚至有可能为我们扫清了道路。为了应对史前的某种气候灾难，它们进化出了光合作用，为我们这样的陆栖生物打开了 DNA 进化的大门。

南极坚冰中封藏的花粉或许能够揭示出地球过往的秘密。同时，通过解答是否几百万年前就有了臭氧空洞即将出现的征兆，可知道它们也可以预示地球未来。现在臭氧层中出现的空洞被归咎于人类对于化石燃料的使用。毫无疑问，植物的历史要比人类更

久远。到现在，植物已在地球上生存了 4.7 亿年。而人类自己的历史则要短得多。如果我们把一个世纪的时间比作钟表上的 1 分钟，那么古罗马人征服欧洲就是 20 分钟之前的事情，基督教的诞生也不过才过去了一刻钟，而从白种人首次在美洲站住脚到现在则正好可把小果咖啡的果实做成一杯美味的咖啡。

金色麦浪

从古埃及时代开始，普通小麦就滋养着各大文明。

植物一直都是我们的燃料、食物、住所以及药物的来源。它们控制着水土的流失速度，调整我们呼吸的空气中二氧化碳和氧气的比例，并提供了大量化石燃料供我们大肆挥霍。它们给我们以灵感，令我们建立起国家级的植物园，吸引我们去参观花园，并且为了供养自己后院中的植物小天地而耗费金钱。

我们还借由植物而自我伤害，比如过量摄入糖分，大量服用天然毒品和酗酒。南非德班一名体重超标的家庭主妇也许会抱怨为什么要出现精制白糖，澳大利亚阿德莱德的一个醉鬼或许会将自己的不幸归罪于大麦，而美国辛辛那提癌症病房里某个可怜的病人大概会认为自己的疾病都是烟草惹的祸。而在另一方面，我们可以因享用了一杯茶而感到快乐，喝一杯酒表达庆贺，或者只是在香豌豆和玫瑰美妙的香气中简单地喝点什么。

脆弱的地球

要了解植物是如何改变了我们在地球上生活的历史，以及它们将如何继续在其中扮演举足轻重的角色，现在是一个绝妙的时机。我们肆意对待植物，而这意味着我们对自己的植物星球也是为所欲为。这是不可持续的。通过消耗源于植物的化石燃料，毁灭构成雨林的植物，我们正如古气候学科学家大卫·彼宁所说："在进行一项不受控制的全球性试验，这场试验注定会改变后世的气候。植物在全球变暖的这场环境大戏中扮演了一个主要角色。这在近代是如此，在远古更是如此。"（摘自《翡翠星球》[2007]）毁灭我们的植物所带来的危机，可以永远地改变历史的进程。

花的力量

在 17 世纪的荷兰，郁金香球茎贸易达到了狂热的境地，这最终导致了世界上第一次大规模的金融危机。

龙舌兰
Agave

原产地： 墨西哥南部与南美洲北部
类型： 叶子多刺，类似仙人掌
高度： 可达 40 英尺（约 12 米）

◎ 食用价值
◎ 药用价值
◎ **商业价值**
◎ 实用价值

从船舶所用的缆绳到龙舌兰酒这种高度烈酒，龙舌兰为很多东西的制作提供了原料。痛饮一夜龙舌兰酒也许改变不了历史的进程，但事实证明，龙舌兰对于一支土著美洲人来说意味着生存的保障。

高贵的龙舌兰

龙舌兰是一种很不寻常的植物。它们能够在炎热的沙漠和阳光充沛的干燥山坡上存活。1753 年，卡尔·林奈借用了希腊语中的"高贵"一词，将其命名为黄边龙舌兰（Agave americana）。尽管直到此时，龙舌兰才得到了科学的分类和命名，但人类使用龙舌兰的历史至少有 9000 多年。

据说龙舌兰要长到一百岁时才会开花，因而被人们称为"世纪植物"。不过实际上，在一百年的时间里，龙舌兰可以开花三次。花谢之后，其母株就会死亡，但剩下的旁支会令它再度焕发生机。全世界共有约 136 种不同的龙舌兰，它们在 6000 万年前诞生在地球上。

龙舌兰可制成十分耐磨抗晒的草皮地毯。在肯尼亚、坦桑尼亚和巴西，剑麻叶子可以产出 3 英尺（约 0.9 米）长的纤维，在经济领域扮演了一个举足轻重的角色。20 世纪早期，剑麻被人们制成各种绳索，用在捆绑船舶上的货物或者啤酒花蔓等一切能用的地方。牛角龙舌兰会造成皮炎，还有的品种的龙舌兰则在人们制作毒箭时拿来沾到箭头上，但有些龙舌兰却有着很高的药用价值，以消炎等积极的治疗能力为人们所知。

15 世纪时，西班牙天主教教士通过宗教审判所大肆迫害穆斯林、犹太人和异教徒。与此同时，远在 5000 英里之外的墨西哥，阿兹特克文明却达到了其势力的巅峰。龙舌兰，尤其是帕西菲卡龙舌兰，是一种极其重要的植物，它的纤维为棉布服装提供了一种完美的替代品。16 世纪早期，西班牙探险家兼军人埃尔南·科尔蒂斯成功击败了阿兹特克人，并源源不断地给自己的

家乡南欧带回了大量战利品。但与此同时，这也这给墨西哥引进了蒸馏技术。尽管欧洲有着十分悠久的烈酒制造历史，但在拉美地区，这在当时仍是一片未知的领域，不过这种状况没有持续太久。

在另一方面，采用酿造法来用龙舌兰制酒的历史却是十分悠久。墨西哥有一种名为布尔盖的龙舌兰酒，这种酒是通过挖空龙舌兰的茎，然后发酵其中的甜汁而成。另外还有一种酒叫做麦斯卡尔，它由捣碎的麦斯卡尔龙舌兰端部制成。这种酒要经过两次蒸馏，然后还要放进瓶子里陈化四年。到17世纪20年代的时候，墨西哥人已经开始烹煮黄边龙舌兰的叶基，以便将其中的生淀粉转换为糖分。在大桶中将植物打浆发酵可以使其中的糖分转化为酒精，从而制成龙舌兰酒。在长达150多年的时间里，墨西哥哈里斯科州的龙舌兰小镇最有名的便是它的龙舌兰酒。

龙舌兰酒的酒精含量可以高达50%，并不是所有人都喜欢它的口味。据说由于一些泡酒吧的美国女性不喜欢纯龙舌兰酒浓烈的口感，为了迎合她们的口味，墨西哥小城提华纳的一名酒吧老板卡洛斯·埃雷拉发明了鸡尾酒玛格丽塔。

对于美国新墨西哥州的一个阿帕契族印第安部落来说，龙舌兰在他们的生活当中扮演了一个举足轻重的角色。这个角色如此重要，以至于这个部落的人被称为梅斯卡勒罗人（与麦斯卡尔龙舌兰谐音）。他们不仅食用麦斯卡尔龙舌兰，而且还将叶子中的纤维制成绳索、便鞋和篮子。晒干的龙舌兰叶被拿来作为燃料。龙舌兰叶端就好像针尖一样锋利，将它折下来时会带下来一段维管组织可以做线，因此龙舌兰甚至还被拿来做针线活。19世纪70年代"保留时期"，梅斯卡勒罗人被从自己世代居住的土地上赶了出来，几乎陷入绝境。但最终，他们还是在新墨西哥州的中南部落地生根，繁衍开来。

> **一杯龙舌兰酒，二杯龙舌兰酒，三杯龙舌兰酒，醉倒在地。**
> ——美国喜剧演员乔治·卡林

芦荟

芦荟与龙舌兰并没有什么关系，但却长得非常相似。这种植物原产于热带的非洲，大约400年前被带到了西印度群岛。其叶片为锥形，肉质饱满，其中的汁液有着非常出色的疗效，这在治疗皮炎和湿疹时表现得尤为突出。它甚至被拿来治疗辐射灼伤。

洋葱
Onion

原产地：不明
类型：鳞茎粗大
高度：1英尺（约30厘米）

◎食用价值
◎药用价值
◎商业价值
◎实用价值

若是这孩子没有女人家随时淌眼泪的本领，那他只消用个洋葱就能办到了。
——《驯悍记》（1592），威廉·莎士比亚

　　洋葱改变了历史的进程吗？当然没有。不过通过对全世界的植物进行分类，不起眼的洋葱们还是给科学界带来了一些泪水涟涟的启示，甚至还给一种老套的法国人形象——头戴贝雷帽，身穿条纹衫，骑着一辆车把上挂一串洋葱的自行车——的形成出了几分力。

泪洒当场

　　洋葱一切开就会释放出化学物质丙硫醛。这种物质对眼睛的作用与胡椒喷雾类似，会令人流泪不止。人们这样流出来的眼泪与伤心时流出来的眼泪一样吗？查尔斯·达尔文经过大量研究，做出结论说人类悲伤时流出的眼泪跟切洋葱时流的泪没有任何不同。他总结道，流泪不过是一种湿润和保护眼睛的机制。然而，到了20世纪，他的这一论断却被美国生物化学家威廉·弗雷证明是错误的。弗雷发现，尽管所有的眼泪当中都含有水分、黏液和盐分，但悲伤情绪造成的眼泪还含有其他蛋白质。这说明人在哭泣的时候，肌体也在排出与压力相关的化学物质。哭泣对人是有好处的。

　　而这仅仅是洋葱给科学做出的贡献之一。洋葱这种蔬菜可能诞生在5000多年以前的亚洲西南部地区，不过要想真正了解它却并不是一件简单的事情。作为世界上最古老的蔬菜（豌豆、莴苣以及洋葱的近亲韭葱均在此列）之一，洋葱大概已经传播到了全世界，同时也给人们留下了很多谜团。

　　在古希腊和古罗马时代，洋葱是人们的一种主食。因其剥

皮之后半透明的外观而被古罗马人称为Unio，意即带有珍珠质地的一种东西。在此之前，古埃及建造齐阿普斯大金字塔的奴隶们也是以洋葱、大蒜和韭葱为食。有一具埃及木乃伊下葬时就是手握一个洋葱，甚至还有迹象显示，世上存在着崇拜洋葱的奇异宗教。

洋葱和大蒜在历史上都被认为具有神秘的特质。如果说大蒜能够赶走吸血鬼，那将洋葱拿在左手一侧则能够远离疾病。在火上炙烤洋葱是一种赶走坏运气的魔法，而梦到洋葱则意味着财富即将降临。另外，12月20日圣多马前夜在枕头下放一个洋葱可以让人看见未来的另一半长什么样子。

名称至上

洋葱的名称曾经跟它的品种一样多。英国人叫它Jibbles，法国人称之为Ciboule，德国人把它命名为Zwiebel，而在梵文中，它又被叫做Ushna。因此卡尔·林奈实现的洋葱科学命名，可谓是对人类的一大解脱。

林奈的家乡位于瑞典默克恩湖旁的拉沙尔特。1707年，他在这里一栋屋顶覆着茅草的小木屋里呱呱坠地，成为家中的长子。他的父亲尼尔斯·英格玛森是一名教区牧师，也是一个异想天开的园艺家。有一次，尼尔斯在自己的花园里做了一个抬高的花床来模拟家里的餐桌，还用灌木代表来吃晚饭的客人。这种奇特的园艺和大自然本身都让卡尔深深入迷，尼尔斯也对自己的儿子十分鼓励，将植物的正确名称教给他，还给了他一小块地来种植不同的东西。这座花园是一个非常好的老师，卡尔成了一个坚定的博物学家和园艺家。

林奈在乌普萨拉大学学习医学的时期正是全新植物物种大量涌入欧洲的年代。荷兰、法国和英国众多具有探险精神的航海家从全世界各个角落给自己的家乡带来了难以计数的新植物物种。随之而来的，就是这个领域的一片混乱。有的植物会同时

大蒜的魅力

大蒜跟洋葱同属葱科，全身上下，包括它的叶子和花都可以食用。

健康平衡

《健康全书》（1531）是一本健康手册，概括介绍了各种植物和食品的害处和益处。下图源于其原版，展示了农民采摘大蒜的场景。

拥有好几个名称，导致系统地给这些植物一个科学的命名这一工作如噩梦一般困难。在此期间，林奈确定了花园温度计（发明人安德斯·摄尔修斯将沸点设为 0 度，后经林奈的劝说，颠倒为现在的形式）的标度，掌握了在荷兰种植香蕉的技术，并且为未来的植物园，如英国康沃尔伊甸园计划，确立了标准。但最重要的是，他消除了有关于洋葱名称的混乱，创立了一个可适用于全世界每一种动植物的分类系统。

在乌普萨拉大学，林奈与同学——同样十分热爱大自然的彼得·阿蒂迪——成了朋友。这两名年轻人一起制订了一个雄心勃勃的计划——对上帝所创造的所有植物和动物进行分类。他们将对动植物的分类工作进行了分工，并立下誓言，先完成任务的要去帮助另一个人。1735 年，阿蒂迪不幸坠下阿姆斯特丹运河溺亡，于是林奈独自一人承担起全部的工作。或许是由于工作过于劳累，林奈于 1778 年与世长辞。但此时他已成功创立了一个一直沿用到今天的动植物命名系统。

在此之前，像洋葱这样的植物有着各种不同的方言名称，以及多个有时甚至相互矛盾的拉丁文名称。古希腊著名医学家迪奥斯科里季斯与耶稣生活的年代相同，他勤勉地在自己编著的《药物学》一书中给大约 500 种植物进行了命名。可是，他的这本著作一直过了一千年才得以传播开来，它先在阿拉伯世界的学者中间流传，之后才进入了基督教世界。反观林奈，在他的两卷本《植物种志》（1753）中，他对全部 5900 种已知植物进行了分类，每种植物都拥有由 2 个拉丁语单词组成的独特名称。到 18 世纪，植物学家和博物学家都已经认可了不同植物可以归为同一科这种观点。比如洋葱、韭葱和大蒜都属于百合科，黄豆、豌

豆和香豌豆均属于豆科植物，而玉米和竹子则全都属于禾本科植物。

植物的这些不同的科可以进一步划分为不同的属，然后再往下细分为种和亚种。林奈废弃或缩短了植物的原有拉丁文名称，将植物的名称按照属和种的顺序构成，如豌豆的拉丁文名称即Pisum sativum（豌豆属豌豆）。通常属的第一个字母要进行大写（Pisum），种则全部采用小写（sativum），如要多次重复，则将属缩写为一个大写字母（P. sativum）；如果这种植物是由林奈亲自命名的，则在整个名称后面加上 L，如 P. sativum L。对于栽培品种（即针对植物的某种特殊品质进行培育而得到的品种），其名称后面会再缀上一个名字，P. sativum "Kelvedon Wonder" 即是一例。

随着林奈将葱属植物分为韭葱、细香葱、蒜和葱等不同的种，混乱的洋葱界也开始变得秩序井然起来。林奈根据植物所拥有的雄蕊和柱头数量对植物的种属进行分类。这种分类方法被称为植物生殖系统分类法。在林奈同时代，圣匹兹堡有一位名叫约翰·西格斯贝克的学者，林奈以他的名字将豨莶这种草命名为 Siegesbeckia orientalis。林奈的发现出版后，被这位西格斯贝克大加鞭挞，称为"下流"，他质问说，洋葱的植物道德怎能如此低贱？更恶劣的是，年轻人怎么能学习"如此放荡的"分类方法？然而，尽管是一种"令人作呕的卖淫行为"，林奈的分类系统仍然得到了广泛认同，这位博物学家也成了一个家喻户晓的人物。

林奈为人谦逊，并且提前为自己的身后事作了安排，要求"不招待任何人……也不接受任何致哀"。然而当他于 1778 年 1 月逝世时，这个要求却被人忽视了。连瑞典国王都来到了他的葬礼，祭奠这位给洋葱以及世界上所有植物带来了名字的植物学家。

卡尔·林奈

自 1735 年初版以后，《自然系统》一书在二十年内便重印了十次之多。它与林奈写作的另一本书《植物种志》一起，成为现代植物命名法的基石之作。

古老如洋葱？

韭葱也许比洋葱还要古老。在一块有着四千年历史的巴比伦石板上刻着世界上最古老的菜谱，其中有一道菜名为羊肉炖韭葱，韭葱则是当中的一味料。希腊人称韭葱为 Prasa，阿拉伯人叫它 Kurrats，而把韭葱带到北欧的古希腊人则称其为 Porrum。拼尽全力抵抗古罗马人入侵的凯尔特威尔士人称韭葱为 Cenhinen，并将它作为自己的民族植物。这其中的渊源十分神秘，不过鉴于他们对于歌唱和辩论的热爱，个中原因也许与韭葱润喉生津的功用有关。另外还传说，士兵上战场之前会将韭葱插在帽子上，从而区分敌我。

菠萝
Pineapple

原产地：南美热带地区
类型：热带水果植物
高度：5 英尺（约 1.5 米）

◎食用价值
◎药用价值
◎商业价值
◎实用价值

皇家尊礼
　　这幅创作于 1675 年的画作出自荷兰艺术家亨德里克·丹克特之手，描绘了英国国王查理二世接受御用园丁约翰·罗斯进献菠萝的场景。

　　乘上火车，瞧一瞧北欧城郊的花园。这些花园以前曾是一块块齐整的长方形草地，间或种植着一两垄蔬菜。而现在，一个又一个种满异域植物的塑料温室耸立了起来，在阳光下熠熠生辉。为了满足温室建造市场的需求，厂家每年生产的挤压塑料总长度多达数千英里。而引发这一片兴建温室风潮的正是水果之王——菠萝。

园丁的喜悦

　　大部分受雇的园丁都喜欢取悦自己的雇主，比如为年度园艺展制作出一盆能获奖的菊花，或者为厨房添一道来自异域的蔬菜。在这方面，没人能比得上英国国王查理二世（1630—1685）的御用园丁——约翰·罗斯。1675 年，罗斯身穿双排扣长礼服，长长的假发披散到肩头，腿着长袜，单膝跪倒在国王面前，进献了一个外观奇特、满是疙瘩的水果。这种水果在当时的欧洲还是一种稀罕物。查理二世一身华服，面色有些沉郁地对着这份献礼，身旁与他自己同名的宠物犬正在吠叫。这一幕被宫廷画家亨德里克·丹克特捕捉了下来。而这个水果却是十分特别的，它是一个早期英国国产菠萝。

　　西班牙人登上美洲大陆时，"发现"了菠萝。历史证明，这种水果不仅给当地的土著居民带来了欢乐，对后来的入侵者亦是如此。菠萝这种味道甜美的大型水果由上百朵独立花朵聚集在一起生长而成，因此它味道浓郁，维生素 A 和维生素 C 的含量都极为丰富。将菠萝绿色的冠部种进培养料，或者使其侧根或幼芽在培养料里扎根，菠萝即可在热带气候中轻松生长。将菠萝带回欧洲的西班牙人找到了差不多适合种植菠萝的地区。这种水果也在北非和南非的菠萝种植园中繁盛起来，并最终传播到了马来西亚和澳大利亚。世界上菠萝产量最高的地区是夏威夷。不过，在气候寒冷的北欧国家，菠萝的种植却是个大问题。面对菠萝本土化种植的挑战，欧洲的园丁们最终采取的办法是，将一棵棵菠萝种在木制的帐篷中，其中的温床设有炉子。炉子以最好的马粪为燃料，给帐篷加热。

为了推动科学与艺术的发展，查理二世创立了英国皇家学会。而园艺作家约翰·伊夫林则在他向英国皇家学会提交的《地球的哲学话语》当中介绍了自己利用天然能源的方法。伊夫林解释了如何将成人身高那么深的温床填满热气腾腾的粪便。温床上方放置可移动木制托盘，在温床底部所产生的天然热量的作用下，种植在托盘中的植物就会健康生长。（这种概念并不是什么新鲜事物。早在 11 世纪时，伊本·巴撒尔等著名伊斯兰园丁就曾提出喂食玉米的公马排出的粪便要优于以普通干草为食的疲劳驮马排出的粪便，并建议鼓励农民往粪肥上小便，起到促进作用。）

温室效应

这种在早期被称为"菠萝炉"的园艺温床引燃了人们种植柑橘类水果、桃金娘、月桂树以及石榴等其他不易培育的植物的热情。1705 年，英国安妮女王委托建筑师尼古拉斯·霍克斯穆尔在肯辛顿宫修建了一座大型建筑。它被命名为"花房"，从而区别于伊夫林的设计，并被用来"保藏"那些来自异域的娇嫩植物度过寒冬。伊夫林的设计也给其他很多著名园艺建筑师，如克里斯托弗·雷恩爵士、詹姆斯·怀亚特以及约翰·凡布鲁等，带来了灵感。他们纷纷参与到这个领域，为贵族建造玻璃宫殿和"菠萝房"。这股修建花房的风潮亦随着各国争相建造更大更有名的"冬景花园"而愈演愈烈。1847 年，长 295 英尺（约 90 米），接近三层楼高的冬日花园在香榭丽舍大道落成。同时，美国纽约州水牛城亦建成了一座葡萄树温室。这座温室长达 689 英尺（约 210 米），其中可以种植 200 多棵葡萄树。

而在当时，花房设计领域的天才，或者说那个占住天时

复果

尽管看起来是一个整体，但菠萝实际上是一个由多个独立果实组成的集合体。这些果实呈螺旋状挤在一起，沿着这个螺旋形成一个整体。

水晶宫

下图为伦敦万国
博览会期间修建的透
明水晶宫。水晶宫占
地 990000 平方英尺
(92000 平方米),
在开幕式当天接待了
15000 名游客。

与地利的人则是约瑟夫·帕克斯顿。他来自英国贝德福德郡,父亲是农民。他知道通风有着举足轻重的地位,用白灰粉粉刷过的墙具有很好的反射质量,有助于提高花房的内部温度,而且将玻璃屋顶的斜度精确地建为 52 度,可以使太阳的作用最大化,这样太阳在中午的时候就能够以正确的角度照射到上面。

同时,玻璃的选择也十分重要。维多利亚时代的园艺家兼作家约翰·劳登取得了第一个曲线铸铁玻璃格条的专利,他提出,"对于玻璃的质量来说,经济性"无异于自掘坟墓,会导致"植物看起来犹如得了黄化病,令植物王国的爱好者们感受到的不是赏心悦目,而是痛苦"。对于园艺领域来说,玻璃板、筒形玻璃以及平板玻璃的成本都过于高昂。其中,筒形玻璃需要先吹制成筒形,然后再展开切割成玻璃板。而平板玻璃的制作则先是将熔融态的玻璃倒入浇注平台上,然后再费力地将其打磨成光滑的玻璃板。解决的办法就是采用冕状玻璃。这种玻璃先通过旋转制成大圆盘,然后再切割成方形和钻石形。约瑟夫·帕克斯顿从大型睡莲的叶子汲取灵感,设计出一种铸铁玻璃格条,格条外部带有雨水槽,内部则有一个凝结槽。他将各种用冕状

玻璃切割出来的方形和钻石形玻璃跟自己的玻璃格条相结合，于1851年在伦敦建造出了誉满天下的水晶宫。这座玻璃宫殿在普通大众之间引发了一股建造温室的狂潮。

之后，出现了双拱瓜果房、普通植物暖房以及被园艺商威廉·库珀的产品目录许诺为"业余爱好者培植……各种种子的无价之宝"的"草坪"暖房，另外还有井架式温室、单坡温室和单坡加速栽培温室，好让"所有讲求实际的重要人士认识到这种类别的房屋对于绅士、苗圃业主、市场园丁，实际上，是所有需要一款经济耐用的栽培或者种植黄瓜、西红柿、果品等的温室的人来说，有多么实用"。得益于"菠萝炉"的问世，温室和花房流行开来。在19世纪的园艺作家詹姆斯·雪莉·希博德的眼中，温室就是美的化身："满满一屋瓜果，在双目与太阳之间展现出一片厚重的由绿叶组成的幕墙。墙下挂着果实，自然得就如同那些缠绕在自己原生地的树木上的植物一般，这是整个园艺展览中最悦目的景象之一。"

很快，铸铁材料就让位给了木材。之后，得益于纽约移民里奥·贝克兰的努力，木材又被塑料所取代。贝克兰致力于高分子聚合物的研究，他在1907年开发出了自己的第一批塑料。最终，他创造出了一种全新的聚合物——酚醛塑料。这是一种质地坚硬的黑色塑料，可以通过模具实现成型，被贝克兰称为贝克莱特。他曾告诉记者，自己进入高分子聚合物研究领域的目的是赚钱，然而这种生活并没有给他带来快乐。他最终于1944年在纽约的一家疗养院辞世，而在他去世之前，其生活状态亦如隐士一般，每日以罐头食物为生。1981年，命运发生了一场悲剧性的转折，贝克兰的孙子在谋杀了自己的母亲后自杀。证据显示，他是用塑料袋窒息而死。尽管如此，贝克兰给塑料的大量使用扫清了道路。这些塑料包括聚丙烯和聚氯乙烯。其中聚丙烯由不同的科学家分别发明了九次，最终其专利被授给了效力于菲利普石油公司的两名美国科学家，该公司位于俄克拉荷马州的巴特尔斯维尔。而聚氯乙烯建成的凉亭则美化了世界各地数以千计的家庭。当然，审美不同，有的人也许并不认为这是一种美化。在这其中，平凡的菠萝炉做出了巨大的贡献。

种子的控制

菠萝的种子被认为决定了其果实的质量。在夏威夷，菠萝是一种十分重要的出口作物，人们采取了包括禁止蜂鸟进口在内的诸多措施来严格控制对菠萝的授粉。

瓶中水果

随着夏威夷一位姓多勒的先生掌握了罐装菠萝的秘诀，菠萝的销量大幅增加。与此同时，菠萝汁也被当作偏方来治疗从杀蛔虫、减轻劳动造成的疼痛、骨折到痔疮和嗓子疼的各种疾病。

竹子
Bamboo

原产地： 大部分热带地区，尤其是东亚
类型： 木质常绿禾本植物
高度： 可高达100英尺（约30米）

◎食用价值
◎**药用价值**
◎商业价值
◎实用价值

屋绕湾溪竹绕山，溪山却在白云间。
——王安石（1021—1086）

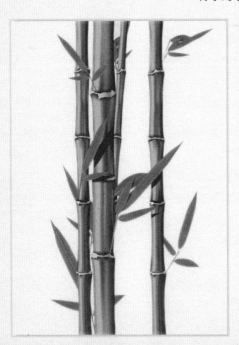

作为世界上生长速度最迅速的植物之一，竹子的影响众所周知。它不仅仅被应用在建筑领域，而且在水墨画等亚洲艺术领域也扮演着一个十分重要的角色。

竹君子

除了大米，没有植物能像竹子这样在华夏和东亚的历史上扮演如此重要的角色。竹子拥有长矛一般的叶片，可以生长成为可以食用的笋。竹子自身也被用来制作各种各样的东西，从世界上最早的独轮推车到飞机模型，不一而足。同时，地球上某些最独特的艺术的诞生亦离不开竹子的身影。如果说英国诗人威廉·华兹华斯的大作《咏水仙》永远地改变了19世纪诗歌的文学形式，那么竹子也造就了某些最为撼动人心的画作，影响了印象派画家克劳德·莫奈（1840—1926）等众多艺术家。

竹子对于中国社会的影响十分深远，甚至成为君子的行为典范。大诗人白居易（772—846）就曾写道："竹本固，固以树德，君子见其本，则思善建不拔者。竹性直，直以立身；君子见其性，则思中立不倚者。竹心空，空似体道；君子见其心，则思应用虚受者。"

全世界有1400多种竹子。它们可以适应不同的自然环境，在高海拔和低海拔地区都能看到它们的身影，但竹子并不喜欢碱性土壤、干燥的沙漠以及沼泽环境。

早在2000年前，竹林就开始给林中的居民提供稳定的收入。从那以后，竹子深入到了中国人生活的方方面面。在古代中国，官方文献采用竹简。这种记录方式直到纸张发明之后，仍然延续了一段时间。不仅如此，现代学者仍然能够从

竹管乐器
人们使用竹子来制作吹管乐器的历史已经有好几个世纪。图中的排箫即是一例。

考古学家发掘出来的竹简上对那些早已远去的历史进行识别与解读。

1 世纪，佛教传播到了中国。由于佛教忌杀生，因而其教徒也就不能食用肉类、鱼类和蛋类等荤食。不过，他们仍然可以以肉质鲜嫩的竹笋为食。生活在 10 世纪的僧人赞宁撰写出了《笋谱》，书中详细描述了 98 种笋及其食谱。传说华夏始祖之一黄帝曾指派自己的乐官伶伦作音律，于是伶伦将目光投向了品质可靠的竹。他制作了 12 根长度不等的竹筒，从而准确地创造出了十二律。其雄鸣为六，雌鸣亦六。19 世纪，竹子在中国人的日常生活当中拥有巨大的影响，这令来自英国的一名观察家极为惊讶。他写道："在人们的生活当中，没有一个方面看不到竹子的身影。在天朝上国，竹子的地位远高于其矿藏，是除了大米和丝绸之外，创造价值最多的一种东西。"在后文，他还描写了竹子的诸多用途，包括"用竹叶编织而成的防水外套和帽子……农具……渔网、形状各异的篮子、纸笔、粮食量具、酒杯、水勺、筷子，乃至大烟枪等都是用竹子制成的"。

来两杯茶？

在茶道仪式当中，竹子扮演了一个必不可少的角色。据说，茶的出现与佛教禅宗一派的创始人——达摩祖师——有关。一天，菩提达摩在入定时发现自己居然在打盹。对此，他感到十分沮丧，于是将自己的眼睑扯下扔到了地上。这两片眼睑随之变成了茶树那眼睛形状的树叶。在后来发展起来的茶道仪式中，

东坡轶事

苏东坡生于 1037 年，逝于 1101 年。他一生博学多才，是水墨绘画艺术的著名开拓者之一。作为一方主政官，苏东坡在杭州（1089）和广州（1096）兴建了当地史上规模最大的竹水利工程。曾经有一次，苏东坡作为判官裁决一宗农民欠债的案子。他对被告的农民十分同情，于是挥毫泼墨，不一会儿便画出了一幅以竹为题的画，交给那位农民卖来还债。

抹茶这种茶粉需要进行打制。在打制时，要用到一种由竹片制成的茶筅，其直径为四分之三英寸（约2厘米），末端分成80个以上的细小分叉。茶勺也是用竹子制成。

在日本，饮茶被千利休（1522—1591）发展成为一种艺术形式。千利休曾与日本历史上的封建领主丰臣秀吉为友（但可悲的是，他最后亦死于丰臣秀吉之手）。对于千利休来说，"这天地间的艺术存在"就围绕这10×10英尺（约3×3米）大小，只能坐下五个人的茶室之中。茶叶先在水屋当中进行冲洗和预备，与此同时，茶客们则在竹子建造的待客室等候。然后他们会被邀请走上茶园小道——露地，经过仪式，并最终备受尊崇地进入茶室。

正如苏东坡所说："无肉令人瘦，无竹令人俗。"在众多不同领域当中，纤细的竹子将首先在艺术领域当中大放光彩。

中国是世界上艺术史绵延最悠久的国家。其绘画与书法艺术相互依存，发展历史超过两千多年。这其中的核心便是一支朴素而又柔软的竹制毛笔和一方松烟制成的墨。书画家经过一段时间的深思熟虑，便是一阵迅疾的挥毫泼墨，整个作品一气呵成，不经雕饰。

与竹关系最密切的绘画风格便是水墨画，特别是画家在画水墨画时的动作，其散发的气势与竹叶沙沙的颤动极为相似。相传，毛笔是由秦国将军蒙恬（前221—前209年）发明的，其笔杆为竹子制成。毛笔所使用的毫毛可以取自任何动物，包括鹿、山羊、绵羊、黑貂、狼、狐狸、兔子，甚至是老鼠。水墨画所采用的纸张十分纤薄，极易撕破。绘画时，画家拿起画笔，饱蘸浓黑的墨汁，然而其心意并不可以直抒。相反，他需要将一切不必存在的细节都从画中剔除，用寥

寥几笔，捕捉住贯彻领会的那一刻。

竹子与艺术

在古代中国，中原艺术深刻地影响了她的邻居日本、朝鲜、中亚地区，甚至是更加遥远的伊斯兰国家。19世纪中叶，日本迅速打开了自己的国门。而中国的艺术亦是通过此时的日本影响了当时最著名的艺术运动——印象主义运动。

印象主义运动最著名的代表便是克劳德·莫奈。这位画家体格健壮，性格直率，一脸胡子。只因为法国小镇吉维尼拥有一片不错的菜园，就在这里另买了一栋房子。他工作非常辛苦，往往要从清晨持续到日暮。但他仍然坚持每天都去菜园摘蔬菜，把它们做成晚餐，在结束自己一整天的辛苦工作后来享用。

莫奈在吉维尼花园中有一座著名的日式拱桥，他有不少画都是以此为主题。在他成名之后，这些画作全都售价不菲。在此之前，他曾于1874年与卡米耶·毕沙罗一起在巴黎展出画作。但艺术评论家路易斯·勒鲁瓦对莫奈的印象主义画作《日出印象》嗤之以鼻，他说："我知道这肯定是什么印象之类的。既然这东西给了我印象，那它肯定在什么地方有点什么印象。"不过这一通嘲讽并没有将这一全新的艺术运动贬抑下去，反而使之以印象主义的名号广为人知。印象主义运动以鲜明的光线、未经修饰的笔触以及非传统的主题为特点，受到了开放氛围以及新兴摄影艺术的影响。

日本艺术家的作品令埃德加·德加与莫奈等艺术家感到深深地着迷。莫奈收集了日本木版画来对它们进行研究。在第二届印象派艺术家联展中，他展出了画作《日本印象》。在这幅作品当中，莫奈描绘了自己的夫人，她身穿色彩浓艳的大红色和服，衣服上绣着一个勇猛的日本武士。在她四周则是各种竹子制成的圆形日式团扇。尽管后来这幅画被莫奈本人认为毫无价值，但它仍然给画家本人带来了一笔高达2000法郎的丰厚收入。

天然脚手架

竹子不仅应用于装饰，而且也广泛应用在建筑工程当中，被当作一种脚手架材料。

用途广泛

竹子的用途清单长得令人讶异，它可以被用来制造风车、齐特琴、箭、篮子、燃料，当然也少不了筷子。另外，竹子还被拿来做建造摩天大楼使用的脚手架和唱机的唱针。做成竹灰的竹子被人拿来抛光珠宝，制造电池。经过精细加工，竹子又化身电灯泡的灯丝、灵柩、自行车、纸张、食品、垫子、飞机外部涂层，甚至是毒药。它是哮喘患者的良药以及治疗毛发和皮肤疾病的药膏。竹子还能制成椅子、马桶、睡床、护甲工具、玩具、毡房、蜡、蜂巢、排水设施、啤酒、针灸的针、雨伞、房屋、凉亭，甚至是催情药。在战时，竹子取代钢筋，被用作混凝土的加强筋，它能使承重能力提高三到四倍。

甘蓝
Wild cabbage

原产地：地中海和亚德里亚海岸，其他地区为野化植物
类型：木质茎，叶大的两年生或多年生植物
高度：3英尺（约90厘米）

◎食用价值
◎药用价值
◎商业价值
◎实用价值

哪里能找到不种点甘蓝的园丁呢？自从2500年前凯尔特园丁们开始种植甘蓝，这种植物引得一代又一代人参与到蔬菜种植活动当中，远有古罗马皇帝戴克里先，近有美国第一夫人埃莉诺·罗斯福和米歇尔·奥巴马。不仅如此，甘蓝还引发了迄今为止全世界食品保存领域最伟大的革命。

冰封美味

20世纪初加拿大北部拉布拉多一处冰冷的荒原上，一名毛皮商人正在打破盐水桶里的冰，好拿出里面已经上冻的甘蓝。这个商人名叫克拉伦斯·贝尔塞，不过他更喜欢别人叫他鲍勃。在这一片与世隔绝的冰封世界中，他的妻子埃莉诺十分想吃新鲜蔬菜。为了满足她的愿望，鲍勃想出来一个冷冻食物的特殊方法，而他也将借此获得了大笔财富。

他手中的甘蓝经过了很长一段历史才走进拉布拉多地区。这一团青翠叶子的祖先最早出现在中欧和地中海地区的凯尔特人中间。希腊人称其为 Karambai，而古罗马人则给它起了两个名：Caulis 和 Brassica。倘若古罗马皇帝戴克里先没有早早退位，去达尔马西亚海岸自己在斯波莱托（今意大利）的宫殿种甘蓝，罗马帝国也许会存在得更久。就在他加入内战之前，他曾充满热忱地对自己的一个朋友说道："你看到我种的菜有多么好了吗？"

罗马人用"vegere"给我们创造了蔬菜的英语单词"vegetable"。它的意思是

贵公司寄来的范德高甘蓝品种的表现大大优于晚熟扁球甘蓝。
——蔬菜种子零售商伯比公司种子产品目录
上的客户感言（1888）

万能蔬菜

甘蓝能够适应大多数气候和土壤条件，而且料理所需的精力也极少，因此使它成为世界各地园丁的最爱。

使生长或者使有生命。然而，甘蓝为什么会如此受欢迎呢？答案很简单，一把毫不起眼的黑色种子可以生长成为一群可以食用的大块头。2000 年时，美国阿拉斯加州瓦斯拉市的巴布·艾弗林厄姆破纪录地种出了一棵重达 105 磅（约 47.6 公斤）的大甘蓝。它的重量几乎要赶上 1989 年伯纳德·莱弗里在南威尔士兰哈里创造的甘蓝重量世界纪录。后者的甘蓝重 124 磅（约 56.2 公斤），和一头绵羊的重量差不多。

开垦胜利

第二次世界大战期间，英国国王乔治五世将伦敦白金汉宫门前的花坛挖空种上了甘蓝和土豆。不过促使他这么做的并不是甘蓝的重量，而是它的产量。这是政府推行的"人人都是园丁"活动的一部分。在活动间，英国出租给园丁的土地数量从 60 万块上涨到 150 万，而英国圣公会也特准其教众在安息日料理自己的甘蓝菜地，不必参加圣会。在此之前，安息日这一天即使发生战争，教徒们也是不工作的。

到"二战"结束，英国全国种植的蔬菜产量高达惊人的 200 万吨，许多士兵退役之后在疗养创伤之余也开始种植甘蓝。前线作战经历令他们的夜晚噩梦连连，而有助于恢复健康的蔬菜园艺活动则帮助很多人克服了这个问题。

多变甘蓝

所谓多形态植物，如甘蓝，是一种如变色龙一样可以进化出不同形态的植物。羽衣甘蓝、结球甘蓝（卷心菜）、球茎甘蓝（大头菜）、球芽甘蓝、油菜、西兰花和花菜都源于甘蓝。不过如果让这其中任何一种蔬菜自由生长，那经过足够长的一段时间后，它们都会表现出甘蓝的形态。在不同的地区，甘蓝的不同品种都已成为当地人的最爱。举例来说，大约在 1750 年，比利时首度出现了有关球芽甘蓝的记录，而西兰花则永远是意大利人的心头好（1724 年，它被人称为"意大利芦笋"），将它带到美国的也是意大利移民。

反观"二战"期间的美国，其农业部门则发起了一项活动，反对任何"耕犁公园和草地种植蔬菜"的行为。其全国粮食盈余量空前高企，氮肥亦不再用做提高甘蓝产量的肥料，而是被拿来制造成利润更丰厚的炮弹。但在 1942 年，随着伯比胜利花园种子套装被推向市场，种子销量激增了三倍，大约四百万美国人加入了亲手种蔬菜的大军。1943 年，罐头食品开始配额供应，时任第一夫人埃莉诺·罗斯福开垦了白宫的几块草坪，种上了胡萝卜、黄豆、西红柿和甘蓝。之后的 60 年里，这些菜圃消失在了草坪之下。但奥巴马总统上台后，再次下令恢复了这些菜圃。

在英国，政府也发动民众动手种植甘蓝。农业部长呼吁"让'开垦胜利'成为每个自有或租用花园的人都参与的活动"。

家乡出产

　　"二战"时新墨西哥州的小镇派尔，一名妇女正在自己的菜地里劳作。和在英国一样，事实证明，甘蓝在美国为战争所作出的努力中也发挥了巨大的价值。

与此同时，埃莉诺·辛克莱尔·罗德也开始动手撰写自己的《战时菜圃》入门书。这位园艺作家大力推广了我们今天所了解的草本园。德军 U 型潜水艇大肆攻击往英国运送食品的商船，这促使英国公务员 A. J. 西蒙斯开始向读者推广自己的《菜农手册》："我们需要国家能产出的任何一点绿色食物。1939 年，我们从国外进口了 850 万吨食品，而到了 1942 年，这一数字只有 130 万吨。因此政府鼓励我们自己种出更多食物这一政策并不奇怪。"

"查斯式不间断蔬菜玻璃罩"为战争作出了很大的贡献，它能保证"在不增加空间的情况下，使蔬菜产量翻倍，同时还节省好几周的时间，并且让人全年都有新鲜蔬菜可吃"。有人还推出了一本手册——《玻璃罩大战希特勒》，售价 6 便士。农业部组织了"开垦胜利"展览，建立了蔬菜种植示范园，而

　　一月份的时候，人应该思考打算，订购做种用的马铃薯、蔬菜种子、肥料等，确保所有的工具都条理清楚，自己也准备好下个月或者在当地条件适宜的时候开始热情地投入园艺工作。

　　　　　　　　　　　　——"开垦胜利"传单，英国农业部，1945 年 1 月

且还鼓励全国所有的小学都开垦出自己的蔬菜地。这些种过甘蓝的小学生不仅使英国获得了大量新鲜蔬菜，而且造就了战后新一代蔬菜种植爱好者。战时甘蓝如此高的消费量还有另外一种积极影响，正如作家乔治·奥威尔在当时所说："大多数人吃得都比过去健康，肥胖的人少多了。"全体国民处在非常良好的健康水平上，而这从一定程度上来说要感谢甘蓝。

很快，人们就会比以前更容易吃到新鲜蔬菜。现在，让我们再回到 20 世纪早期的鲍勃和埃莉诺身边。他们夫妇与儿子凯洛格一起居住在一栋小木屋里，哪怕是距离最近的商店或者医院都有 250 英里（约 400 公里）远。生于 1886 年的鲍勃曾在位于马萨诸塞州的著名私立文科学院阿默斯特学院就读，但由于家中无法负担昂贵的学费，他不得不辍学回家。之后，他们一家人搬到了这栋小木屋这里。鲍勃曾在美国农业部短暂工作过一段时间。但作为一个热爱冒险的人，鲍勃说服埃莉诺相信他贩卖毛皮的日子肯定更好过。

大突破

贝尔塞学习到了当地加拿大人早已知晓的一点，那就是速冻的肉类口感更好一些。寒冷的北极圈温度可低达零下 50 多度。这种环境可以保持住鱼肉、兔和鸭肉的风味。鲍勃决定拿新鲜甘蓝试验一下，将它冰在盐水桶里，如他后来所说的那样："爱斯基摩人这么做的历史已经不知延续了多少个世纪，而我所做的……不过是将包装好的冷冻食品提供给普通大众而已。"

1917 年，鲍勃一家返回了美国。他曾在新泽西州的一家旧冰淇淋厂里尝试用冰块、盐水和电扇"复制拉布拉多的冬天"，但却未能成功。后来，他们一家又搬到了马萨诸塞州的格洛斯特市，继续对肉类、鱼类和蔬菜的快速冷冻进行试验。鲍勃建造了一台可移动冷冻机，并把它安装在卡车上。这样他就可以把车开到田里，蔬菜一收上来就进行冷冻。

在一次偶然的机会下，一家食品加工企业老板的女儿玛乔里·梅里威瑟·波斯特品尝到贝尔塞制作的冷冻鹅肉。三年后，她不仅买下了冷冻鹅肉，而且连鲍勃的整个公司都买了下来，还在 1930 年将公司名称改为贝尔塞。有趣的是，销量最大的冷冻食品并不是甘蓝，而是豌豆。

茶树
Camellia sinensis

原产地： 中国、日本、印度以及北岛黑海沿岸的俄罗斯

类型： 寿命可长达 50 年的小型树木

高度： 成熟后可高达 5 英尺（约 1.5 米）

◎ 食用价值
◎ 药用价值
◎ 商业价值
◎ 实用价值

有的植物只能令历史的脚步稍有偏移，还有的植物却可以扼住历史的咽喉，裹挟历史的前进，茶树就是这样一种植物。它给美国带来了《独立宣言》，却又令成千上万东南亚人俯身为奴。茶树改变了历史吗？答案是毫无疑问的。

伟大的平静之源

第二次世界大战伦敦大轰炸期间，对于那些疲累交加，又经历了一夜轰炸的区长和消防员来说，能奉上"一杯好茶"的"茶女士"可谓是一种可以信赖的形象。而在地球的另一端，艺妓们则跪在竹制屏风之后，为即将出征的军官们进行举办茶道仪式的准备。与此同时，澳大利亚北部某个海港的一艘运兵船上，对前线战事感到忧心忡忡的士兵们用手捧起了锡制的茶缸。

无论是当时还是现在，都没有任何东西可以媲美浸泡某种亚洲树叶的热水那使人平静的品质。早在 1757 年，伦理学家兼词典编纂家萨缪尔·约翰逊就在自己的《文学杂志》中为茶叶背书，他描写了一位相熟的朋友，说他"20年来只用这种令人愉悦的植物的汤汁下饭……有了茶，他就可以在夜晚获得消遣，在午夜品尝慰藉，并在清晨迎接黎明"。约翰逊并没有想到，在 16 年后的波士顿倾茶事件中，他在美国的远亲们会因这种"令人愉悦的植物"而掀起一场轩然大波，导致一个坚定饮用咖啡的全新国度的诞生。

茶叶产自一种小型木本野生植物的叶子。这种植物的生长范围从印度

一直延伸到中国，其历史，至少根据传说来看，已经超过 4500
多年。据说，神农在公元前 2737 年发现了茶叶的功效。茶树是
一种非常普通的植物。山茶属一词的英文是 Camellia genus，
以纪念 17 世纪时的耶稣会生物学家 Camellius。山茶属植物包
括某些人们最爱的观赏植物，但茶花并不是
一种十分令人动心的花朵。它有着淡
淡的白色，间或带有一抹粉红。尽管
如此，将干燥的茶树叶用热水冲泡
却可以制造出一种奇妙的令人
满足和平静的饮料。中国
人最早发现了这一点。
800 年，慷慨的中国
古人将茶叶经由朝
鲜传播到了日本，
又在 1657 年将其
传播到了英国。为

茶园

得益于其丰富的耕
地资源，中国已经超越
印度，成为全球最大的
茶叶出产国。

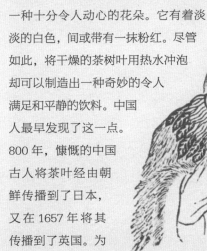

神农

神农是中华文明
传说中的始祖之一，
他遍尝百草，以查其
药性。人们相信，是
他将农耕原则教给了
华夏先民。

了促进新鲜茶叶大量生长，人们定期对茶树进行修剪，并将其高度限制得和低矮灌木一样高，以便采摘茶叶。采茶人身背柳条编成的茶筐，好似背着帆布背包。他们将尖端的每个花苞和两片嫩叶采摘下来作为优等茶。若种植园主更为注重产量，采茶人会连第三片叶片也摘下来。采茶时，茶工要将大拇指和其他手指捏起来，以柔软的手掌作垫，将茶树枝条上正在生长中的嫩叶轻轻摘下来。正因为这是一种动作要求非常精细的活动，采茶的机械化一直难于实现。而在另一方面，采茶工的收入却一直很低。若非因为这两点，茶叶的种植范围可能会扩展到世界上更多的发达国家。

　　采茶工的茶筐满了之后，就会被送到当地的茶叶加工厂。翠绿的茶叶根据所要生产的种类进行萎凋、揉捻、发酵、干燥和分级等工序的处理。绿茶一直以来都是远东地区最受欢迎的一种茶。在它的生产过程中，茶叶经过加热来保留其在发酵当中产生的天然黑色。而对于更受西方人喜爱的红茶来说，其分级则依茶叶的质量分为"碎橙黄白毫""橙黄白毫"和"小种"。

礼仪饮品

　　这幅绘于 19 世纪的画作对茶道进行了描绘。在中国，奉茶有着多种社交含义，如表达对长者的尊重、歉意以及在大婚之日表达谢意等。

中国茶

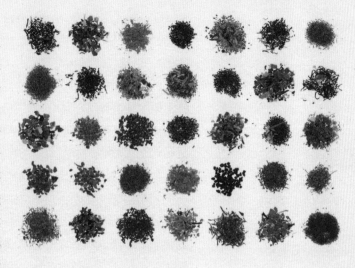

十八九世纪，欧洲人为了喝茶纷纷放弃饮用淡啤酒、廉价麦芽酒以及井水。由于茶叶当中含有少量兴奋性的咖啡因，随着茶叶消费量的增加，茶叶需求也大幅提高。英国评论家威廉·科贝特对此大加反对，并说"茶叶事实上就是一种效力略弱的鸦片酒。喝了它，人只会在当时更有精神，之后便会萎靡下去"。他还说，女性每年都要把最宝贵的一个月的时间花费在"茶聊"这种事上，让家中顶梁柱的孩子"身穿脏衣，脚着破袜"。尽管他如此反对，18世纪中期时，欧洲人不论穷富，都已自在地饮起了茶。

在当时，英国东印度公司已牢牢控制住了印度的通商口岸马德拉斯、孟买以及加尔各答，并在印度南部打败了竞争对手法国东印度公司。1757年，它又从孟加拉统治者手中夺过了对富裕的印度东北省份的控制权。尽管面对法国人的强力竞争，但这家公司仍然成为之后一个世纪里印度最大的贸易商。他们将中国的茶叶与木材、丝绸以及瓷器等货物一起运回了自己的祖国。

尽管如此，这些贸易却是单边的。当时的中国自给自足，几乎不了解西方，当然也没有与西边这些遥远的邻国进行商品贸易以及技术或思想交流的需要。但同时，这个国家却是世界上最大的茶叶种植和供应地。然而由于其国内市场本身就对绿茶有着极大的需求，因此中国对于出口茶叶或者西方茶叶商人支付的纸币毫无兴趣。不过中国确实也需要铜、银和黄金等有价金属，因而尽管西方的茶叶商人更希望能以纸币付款，但仍然不得不拿固体的贵金属来进行交换。这令他们极为困扰，西方也因此频繁派出贸易代表团前往中国企图说服中国的统治者放开边境。但通常，他们都是无功而返，而且还要被主人耳提面命一番，提醒他们技术领域的大多数重大进步——播种机、

选择丰富

在全世界对茶叶的热情追捧下，茶叶品种也变得数不胜数，有绿茶、白茶、红茶、黄茶、茉莉花茶和菊花茶等。

茶壶

大多数国家都是用金属水壶泡茶，但英国人却对瓷器茶壶情有独钟。但问题是在17世纪晚期，英国自己烧制的陶瓷制品的品质尚未达到足够的水平来盛放接近沸腾的热水。而随着中国瓷器的到来，这个问题也迎刃而解。中国古人早在欧洲人之前1500年就发明和完善了瓷器的烧制技术。茶叶货物非常轻，因此商船需要携带瓷器来压仓。很快，中国的茶壶和茶具就变得与自己的茶叶一样备受欢迎。

金属犁、印刷以及炸药——早在西方"发明"之前好几个世纪，就被中国的工程师们发明了出来。这时，有人想出来一个用鸦片交换茶叶的"点子"。

波士顿倾茶事件

18世纪时，北美地区的茶叶消费量与其他地区并无二致。但今天，加拿大的茶叶消费量却比喝咖啡的邻居美国高四倍之多。

事实上，爱国的美国人所消费的茶叶在过去的200多年中一直比周边邻国要少。而这一切的历史渊源则发端于1773年12月的一天。当时，马萨诸塞州波士顿查尔斯河的河水突然随着茶叶的倾入而变得一片黯淡。一群似乎身穿莫霍克印第安人装束的人登上了三艘停泊在港口中的茶船，有组织地划开所有装着茶叶的货箱，并将茶叶倾倒进了河中。

这些人实际上并不是印第安人，而是伪装起来的白人抗议者。英国政府为了治理利润丰厚的茶叶走私行业而耗费巨资，因此已在英国本土放弃对茶叶征税，企图扼杀这些走私活动。而为了弥补因此损失的税收，自诩为美洲统治者的英国人计划对出口到美洲的产品，尤其是茶叶征税，引发了这些抗议者对这项征税计划的抗议。面对英国国王乔治三世及其议会对自己

反抗

纳撒尼尔·柯里尔绘制的《波士顿倾茶事件》（1846）。在美国，尽管人们更喜欢喝咖啡，但茶仍然是一种非常受欢迎的饮品。每年，美国茶产业的产值都高达几十亿美元。

的为所欲为，美洲殖民者们喊出了自己的口号——"无代表，不纳税"。为了告诉英国人自己能把他们的茶叶怎么样，抗议者们把波士顿港变成了一大锅茶汤。然而，乔治三世不仅非常执着于拖延儿子登上王位，在紧握美洲殖民地控制权方面也同样极为固执，他拒绝改变自己

对于相关征税建议的意见。波士顿茶党的抗议活动在纽约、费城、安纳波利斯、萨凡纳以及查尔斯顿也得到了响应。然而，就在这里的女士们放弃在下午茶时间喝茶的同时，英国也关闭了波士顿港。

随着1776年7月4日美国国会宣布通过《独立宣言》，英国国王的这一错误也被永远地写入了史册。《独立宣言》不仅宣告美国脱离英国独立，而且也提醒了议员们乔治三世的"独裁行为"。

运茶竞赛

19世纪50年代之前，顽强的水手们驾驶长途商船远涉重洋，抵达各国港口。这些商船体型沉重，航速缓慢，制造所用的树木历经沧桑，重达千吨。1833年，东印度公司丧失了自身的垄断地位，放开了茶叶贸易的国际竞争。众多贸易商对此跃跃欲试。英国人和美国人将资金投向了船体光滑、速度更快的高速帆船。这种船具备符合空气动力学的外形，桅杆倾斜可以携带大量风帆，而且船舷轮廓分明，航行起来有乘风破浪之势。只要风势适宜，它们就可以满载货物——有时也非法装载奴隶——快速回国。帆船一路沿着中国海、印度洋前行，绕过好望角，穿越大西洋到达纽约、伦敦、利物浦和贝尔法斯特，而所用的时间只有以前船舶的一半。

船长们驾驶着这些运输茶叶的快速帆船在海上一路相互竞

全速前进

19 世纪一幅有关塞莫皮莱号高速帆船的印刷品。多重桅杆与方形横帆的设计使得高速帆船能够以大大高出传统船舶的速度穿梭于不同港口之间。

锡兰茶

斯里兰卡以其优质的茶叶而闻名于世，但是对于茶叶这种有着 4500 年历史的饮品而言，斯里兰卡相对来说仍然是个后起之秀。这里茶叶贸易的发展是其农业领域发生的一系列意外的结果。斯里兰卡 1948 年脱离英国独立之前被称为锡兰，来自英国的种植园主认为这里的高山是咖啡种植的理想地点，于是在锡兰清理出了大量土地种植咖啡，但这些咖啡却深受咖啡驼孢锈菌和麝香猫所害。于是这些种植园主开始转而种植金鸡纳树，但又竞争不过荷兰人在马来西亚的种植园。绝望中，这些种植园开始种植野茶树，并最终获得了成功。

逐，归国而来。新闻媒体竞相报道他们的英雄之旅，而这些故事中总少不了将茶叶运回国的元素。与将博若莱新酿葡萄酒运到巴黎或伦敦相似，茶商的利润取决于交货时间，而无需考虑会给饮用茶叶的大众带来什么实际利益——新鲜茶叶与在仓库储存了 12 个月的茶叶喝起来并没有什么区别。随着全新的海运速度纪录被不断创造和打破，塞莫皮莱号和现在仍保留在伦敦港口的卡蒂萨克号这些不同的船舶也令它们运来的茶叶名声大振。市场上很快就出现了卡蒂萨克号茶叶的身影。

但这种情况并没有持续太长时间，在茶叶运输竞赛中，快速帆船最终还是败给了隆隆穿过海洋的蒸汽机船。虽然定期补充燃料的需要减缓了蒸汽机船的速度，但是 1869 年，苏伊士运河这一工程建设领域的全新重大创举大大增加了蒸汽机船的优势，彻底打败了依靠风帆的高速茶叶运输帆船。苏伊士运河全长 106 英里（约 171 公里），将从中国航行到欧洲所需时间整整缩短了一半。而由于红海风势风向变幻莫测，高速帆船无法在此平稳航行，同样的旅程，只能耗时三个月，绕道好望角。到了 19 世纪末期，高速茶叶运输帆船黯然退出了历史的舞台。

种植作物

2009 年，联合国表达了其对"土地抢占"这一现象的关注。所谓"土地抢占"，即富裕国家从贫穷国家手中购买耕地的行为。

美国、印度、利比亚、阿联酋、中国、韩国以及日本等国纷纷
购买或者租用土地种植粮食来作为石油燃料的替代品。据估计，
目前被抢占的土地面积相当于欧洲耕地总面积的一半。联合国
预计，粮食生产的外包和种植当中所使用的集约农耕方法将会
在土地所在国导致粮食短缺和环境问题。韩国车企大宇集团以
99 年租期租赁马达加斯加 320 万英亩（约 129 万公顷）耕地
一事就曾在该国引发公众骚乱，
并最终导致了马达加斯加时任总
统马克·拉瓦卢马纳纳的下台。

手工精选

采茶人，19 世纪末期
拍摄于锡兰（现在的斯里兰
卡）。斯里兰卡是世界上最
大的茶叶出口国之一，出口
量几乎占全球总贸易的三分
之一。

　　这个种植问题是历史周而复
始不断重复的一个经典代表。19
世纪，茶园园主为了建立茶园，
在各自的帝国领土上大肆抢夺土
地，并将地上一切其他植被都清
除干净。茶树令当地社区中的人
无家可归，摧毁了当地的生态系
统，并且更糟糕的是，其采摘还
是采用其他国家，尤其是印度，
运来的廉价劳动力完成的。后来，
印度人民也发出了要求民族自治
和公民权利的声音。茶叶的贸易
改变了不同国家和海运的发展历
史，但最重要的是，它还改变了
每一个种植茶叶国家的社会均衡。

大麻
Cannabis sativa

原产地：中亚
类型：一年生速生植物
高度：13 英尺（约 4 米）

◎食用价值
◎药用价值
◎商业价值
◎实用价值

大麻臭名昭著，备受西方政客、执法人员和大学生家长的讨伐，被评为世界上消费范围最广的娱乐性药物，也就是毒品。然而，大麻也是最早的栽培植物之一，对于至少两位美国总统来说都有着非凡的意义。美国《独立宣言》就印刷在大麻纸上，而且大麻仍然很有希望是一种救星式的"绿色"植物。那么大麻到底出了什么问题呢？

万能麻醉药

20 世纪 70 年代，城市当中的花园和菜园发生了一些怪异的场景——种卷心菜和胡萝卜的人一脸迷惑地看着身穿制服的缉毒警察查获大量长得跟蕨菜一样的植物，并把种这些东西的嬉皮士也同时抓进监狱。政府当局立法禁止个人私下种植普通植物是一件相对来说很少见的事情，不过大麻可不是什么普通植物。查禁这种植物八十几年后的今天，有人开始思考，禁用大麻是不是一件得不偿失之举。源于石化产品的塑料制造工业污染极大，并且不可持续，而大麻则是一种天然的替代品。大麻是一种天然植物，它生长迅速，不需要使用任何化肥、除草剂或者杀虫剂。在气候温暖的条件下，它可以在三个月的时间内完全长成，产出强韧度四倍于棉花的纤维。这种生长周期短的可持续植物可以加工成各种产品，从房屋绝缘建材到车体面板，再到利用大麻纤维中空特点制成的"可呼吸"服装织物，不一而足。大麻的不足之处在于其含有四氢大麻酚成分。

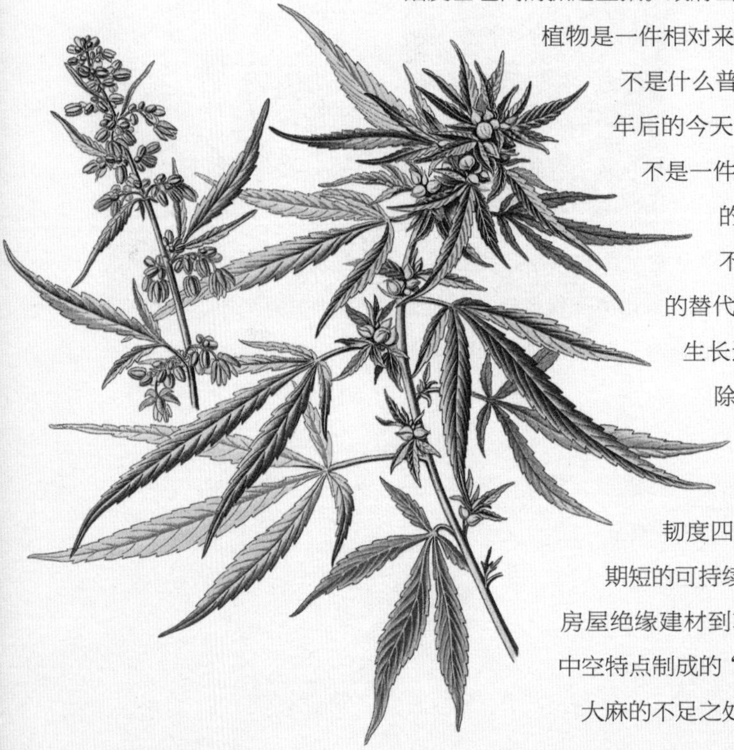

根据古希腊历史学家希罗多德的说法，居住在黑海流域的游牧民族西塞亚人有一些奇怪的行为。而让他们这么做的，就是四氢大麻酚这种活性成分。希罗多德曾在自己的《历史》一书当中描述说，自己曾看到这些西塞亚人蹲在木棍和毛毡建成的小亭子中，将一盘大麻籽放在一堆烧红的石头上，"大麻籽立刻便冒起烟来，形成一股远超希腊式蒸汽浴的蒸汽"。据说其效果能令西塞亚人愉悦得大喊出声。

麻绳

要想保持麻绳干燥，免于腐烂，需要定期给麻绳外表涂上柏油。这项工作不仅十分费力，而且还要定期重复，因此导致麻绳被逐渐淘汰出了历史舞台。

历史总会重演，尼古拉斯·桑德斯在《另一个英格兰与威尔士》（1975）当中写道："这股烟要深深地吸进去，再屏住呼吸几秒钟。这对不吸烟的人来说并不怎么舒服。添加了草本或薄荷的口感更加温和，但对嗓子来说最舒服的方法就是加上6个磨成粉的丁香。常规小量吸食可以产生一种令人意识模糊而又放松的感觉。法国印象派画家曾大量吸食，效果犹如吃了迷幻药一般。"

大麻的药用价值来源于其含有的四氢大麻酚。几千年来，大麻一直为医生所用。既被拿来当作止痛药，也被用来治疗癌症、抑郁症以及老年痴呆等各种疾病。不过，被当作药物或麻醉剂的大麻的地位远比不上被作为纤维植物的大麻。

大多数权威人士都承认，大麻的历史尽管十分悠久，但也很混乱。希罗多德曾写道："塞西亚出产大麻。色雷斯人用它来做衣服，而且这种衣服看起来就好像亚麻一般。一个人要是从没见过大麻，那肯定会以为这些衣服是用亚麻做的。"然而，大麻早在西塞亚人出现之前就已被做成了织物。中国古人可能4500年前就已开始对麻进行加工。这一点早在2500年前就有历史记载。截至新千年，一直种植大麻的中国已成为全世界最大的大麻产地。排在它后面的是罗马尼亚、乌克兰、匈牙利等东欧国家，以及西班牙、智利和法国。大麻可能起源于俄国东南部地区。十七八世纪时，随着船舶用品商人对大麻的依赖越来越重，俄国人控制了航运所用大麻的大部份份额。在1812年美英战争中，宪法号护卫舰成功地击败了英国海军，因而被

剑子手的麻绳

虽然同指大麻，但在英语当中，Hemp 一词的含义偏重于大麻织物，而 Marijuana 的含义则更侧重于大麻毒品。这是为什么呢？要知道 Marijuana 一词源于墨西哥西班牙语，而 Hemp 则源于盎格鲁撒克逊语。在美国，野生大麻被称为 Ditchweed。在 20 世纪 30 年代的一本词典中可以看到它的定义：语源不详，可以用来制作帆布、麻绳和绞刑绳。

人亲昵地称作"老铁甲",像这样一艘护卫舰就需要大约 60 吨大麻。(在当时,英国海军封锁了美国港口,阻止美方进口俄国大麻等产品。)

大麻收益

有两个美国人从大麻种植当中获益颇丰,他们分别是美国宪法的作者之一——本杰明·富兰克林和旧金山一名叫罗伯·施特劳斯的店主。富兰克林成就颇多,他从英国进口了第一个锡槽,发明了避雷针、双焦眼镜以及一种高效家用火炉。富兰克林出生在波士顿,是家中的第十子。他的父母是一对虔诚的教徒,父亲若西亚·富兰克林来自英格兰北安普顿郡的埃克顿,母亲亚比亚是他父亲的第二任妻子。本杰明同父异母的哥哥詹姆斯是一名出版商,创办了美国最早的报纸《新英格兰报》。本杰明曾给他当学徒,并定期给报纸投稿。但后来两人之间的关系出现了裂痕,于是本杰明悄悄来到了费城,身上只装着一个荷兰盾,这时的他才只有 17 岁。等到他 42 岁时,富兰克林自己创立的印刷业务已然盈利颇丰。然而,他还是选择从中退出,转而投身公职、外交、科学研究以及素食主义。

美国独立战争爆发之前的 30 年间,英国政府施加的贸易管制导致英美两方之间的关系日益紧张。除了其他商品之外,美国的纸张供应也依赖于英国的纸浆。这是一种令人十分困扰的状况,而富兰克林则找到方法,改用大麻作为自己印刷厂的原料。(乔治·华盛顿和托马斯·杰弗逊都拥有自己的大麻种植园。)《独立宣言》起草时,我们几乎可以肯定,草稿纸用的是来自富兰克林印刷厂的麻纸。

《独立宣言》批准将近一个世纪之后,内华达州的一名裁缝雅各布·戴维斯跟自己的合伙人罗伯·施特劳斯取得了铆钉粗布斜纹裤的专利。罗伯是巴伐利亚移民,他后来将自己的名字改成了李维。1853 年加利福尼亚出现了淘金潮,他

革命纤维

本杰明·富兰克林的造纸厂出产麻纸,美国历史上最著名的文件——《独立宣言》——印刷所用的纸张极有可能就出自于此。今天,在纸浆年度总产量当中,麻纸所占的比例只有一小部分。

也从纽约搬到了旧金山，希望能从中分得一杯羹。一开始，他卖的是车顶和帐篷用的麻布。但后来，他开始把这种麻布做成金矿工人穿的裤子，对外出售。（尽管第一条李维牛仔裤是用大麻织物做成的，但由于工人反映这种料子会擦疼皮肤，于是李维将料子改成了从法国尼姆斯进口的尼姆斜纹布。）

大麻的支持者一直在呼吁社会重新放开大麻的使用。他们宣称标准纸张的纸浆生产要求使用更多化学物质，并且在伐木过程中会造成更多的环境问题，而大麻这种材料制成的纸张则更加环保。他们还提出，从环境角度来看，大麻比棉花更优越，后者的生长需要消耗更高剂量的除草剂和杀虫剂。

然而在西方，即使织布和造纸所用大麻当中的四氢大麻酚含量几乎检测不到，人们头脑中仍然固执地将大麻等同于危险毒品。20世纪二三十年代美国禁酒时期，酒精饮料遭到了禁止，针对大麻的战争也在同时打响。虽然禁酒运动的支持者纷纷发起运动支持酒精禁用，当局也会对酒精售卖进行搜查、逮捕和定罪，但转入地下渠道的酒精制造和销售活动并没有比禁酒之前减少，唯一不同的就是警察和政客的腐败程度愈演愈烈。大麻也被人们认为是一种跟酒精类似的东西。即使它只受社会底层、墨西哥移民以及黑人音乐家的偏爱也无济于事。等到联邦麻醉品管理局局长哈里·J.安斯林格以及新闻大亨威廉·鲁道夫·赫斯特等人站出来反对大麻时，事情可谓木已成舟。几乎每一篇批评赫斯特的文章都指出这个新闻巨头的帝国拥有制造纸浆所用的森林，将新闻用纸转变为报纸有可能影响其利润。但赫斯特本来是有可能进入大麻生产领域的。一种更现实的观点认为，安斯林格反对使用大麻，并且随时不忘这一点。赫斯特只不过是听信了安斯林格的说辞，倾向于出版有关大麻负面作用的夸张或不实报道。

1937年，美国《大麻税法》的颁布标志着西方国家全面禁止大麻的开始。尽管如此，预计大麻的消费量在未来十年仍然将提高10%左右。

差不多任何一种国防用品我们都很丰富。到处生产苎麻，所以我们并不缺少索具。
——《常识》（1776），
托马斯·潘恩著

亚麻——美丽与古老共存

作为开着蓝色花朵的亚麻的同胞，大麻制造了更多纷扰，不过被亚麻制成布料的历史其实要比大麻更为古老。在新石器时代，居住在瑞士的人类部落就曾纺织亚麻布，古埃及人则使用亚麻来包裹木乃伊。然而由于染制亚麻布会产生令人窒息的恶臭，因此这一行为曾经被许多权贵禁止。亚麻布是最美丽的织物之一，而亚麻植物也身处人类种植的最古老的植物行列。

大麻纤维的前辈
亚麻是一种先于大麻的纤维来源。

辣椒
Capsicum frutescens

原产地： 美洲中南部地区和西印度群岛，其他亚热带气候地区亦有种植
类型： 多年生植物，但通常作为一年生植物种植
高度： 高度依品种不同而不同

◎食用价值
◎药用价值
◎商业价值
◎实用价值

1453 年，随着君士坦丁堡的沦陷，香料之王"黑胡椒"经由陆路向欧洲的供应随之中断，这给这一片大陆带来了强烈的冲击。对于地中海国家和地区来说，失去胡椒可谓是一场沉重的打击。很快，他们就开始往海外派出船只，前往已知和未知的国度寻找合适的替代品。1490 年，他们终于如愿以偿，找到了辣椒。

辣椒？胡椒？

15 世纪的荷兰，当一名家庭主妇走进阿姆斯特丹街头的一家杂货铺提出要多买点椒时，她得到的也许是一大捧坚硬的黑色种子。这是黑胡椒，一种从印度跋涉千里而来的香料。而在今天的阿姆斯特丹超市中，相似的要求换来的将是一堆肉质饱满的辣椒。这些辣椒都出产在城外的温室中，长势喜人。椒的定义到底是什么？对这个问题的困惑始于 1492 年。这一年，哥伦布的水手们抵达加勒比海，品尝到了辣椒家族某些口感辛辣的成员。

野生辣椒的原产地也许位于南美洲的圭亚那，它的许多英文名称都源于加勒比语。辣椒所具备的医用和食用价值使其得到了阿兹特克人的种植和重视，并被阿

兹特克人介绍给了入侵这里的西班牙人。这
其中有的辣椒辛辣无比，尝到它们的那些白
人无不大口呼气，得痛饮啤酒才能消解那火辣辣
的感觉。当水手们回到船上汇报时，只能形容这种东西相似
于自己熟悉的那种古老的亚洲香料——黑胡椒，因此西班
牙人将其称之为 Pimiento，即胡椒。辣椒所具有的
植物性辛辣口感来源于其含有的辣椒素，这种
化合物的含量在附着在辣椒胎座上的种子
当中是最高的。未处理过的辣椒素会刺
激得人眼睛流泪，舌头沾上也会有烧灼感，但正如阿兹特克人
发现的那样，它还可以降低血压，舒张动脉血管，因而具有重
要的药用价值。在现代医学当中，辣椒素制成的霜剂可以缓解
关节炎、带状疱疹、糖尿病、神经痛以及术后疼痛。在墨西哥，
治疗牙痛的传统疗法中就会用到辣椒。

现在，辣椒已实现商业化种植，在美国、远东、东非和西
非等热带和亚热带地区都可以看到它的身影。最常见的辣椒就
是四季皆宜的沙拉蔬菜——灯笼椒。这是一种一年生辣椒，植
株矮小，枝叶茂密，叶片为暗绿色，花朵为白色，结出的果实
为球形，色泽随成熟度不同，从电光绿转变亮红色、橙色或黄色。
辣椒属植物有很多不同的品种，其中只有五种实现了人工种植。

而在这其中又只有三种比较常见，分别是辣椒（其
家族成员包括灯笼椒、红辣椒、西班牙甘椒、青
辣椒、铃铛辣椒和卡宴辣椒）、小米椒和中华辣
椒（其品种包括苏格兰帽椒和哈瓦那辣椒）。

辣椒武器

在非洲有些地区，红辣
椒被用来种在篱笆旁边保护
农作物。辣椒散发出的强烈
气味可以阻止大象过于接近
篱笆后的农作物。

辣椒的辣度

1912年，服务于美国一家
制药公司的药剂师威尔·史
高威尔设计了一个试验对辣椒
的辣度进行分级。该试验名为
史高威尔感官试验，采用一组
志愿者来品尝溶解了辣椒素的
糖水。糖水的分量逐渐增加，
直至志愿者品尝不到辣味。举
例来说，按照0到350000的
分级，史高威尔试验的志愿
者给灯笼椒的辣度分值为0到
100，而苏格兰帽椒和哈瓦那
辣椒的辣度则高达100000到
300000。世界上最辣的辣椒之
一据说是产自印度东北部阿萨
姆邦、孟加拉国和斯里兰卡的
印度断魂椒。

再加上刺椒、乌椒等其他辣椒，全世界的辣椒品种总量超过三千种。

辣酱

曾经有一段时期，小米椒取代了胡椒的地位。制作卡宴辣椒粉时，要先将辣椒果实晒干磨碎，然后掺入面粉，将其烤成坚硬的饼状，再把这些饼磨成红色的细粉。据说有奸商会采用有毒的铅丹代替其中的辣椒。

有些红辣椒连成年人吃了都要流眼泪。世界上最辣的红辣椒并非产自南美，而是西班牙和匈牙利。17世纪，土耳其人将它们传播到了这里。这些红辣椒是少数几种辣度超过墨西哥辣椒的辣椒之一。塔巴斯科辣椒酱辛辣的口感则源于南美辣椒当中所含的天然辣椒素。

西班牙人只用相对较小的军力就在很短的时间内占领了南美洲大部分地区。他们带着这里的黄金以及包括菠萝、花生、土豆和新命名的辣椒在内的植物回到了欧洲。这种植物迅速在欧洲传播开来，并出现在了热带地区。早在16世纪40年代，辣椒就被传播到了印度。400年后，作为胡椒曾经最大的出口地，印度成功转型为辣椒的最大出口地。

很快，辣椒在亚欧两地取代了其他辛辣香料的地位。这种热辣的新辣椒在大多数厨房和花园都占据了一席之地。秋日的阳光下，丹麦一新的住宅墙壁上晾晒的辣椒果实色彩明艳，犹如一串串蔬菜做成的项链一般。冬天，农妇们就可以在烹煮炖菜时放入晒干的辣椒，为菜色增添风味。

红辣椒的出现令欧洲人十分好奇。在英国大文学家塞缪尔·约翰逊看来，生活在17世纪的英国植物学家尼古拉斯·卡尔佩珀是"史上最早对树木进行归类的人，他为了寻找药用和有益草本植物而翻越崇山峻岭"。卡尔佩珀在自己的《草本全集》（1653）中用大篇幅介绍了辣椒的优点，同时针对"这些烈性植物及其果实的滥用"也发出了预警。

辣椒粉

卡宴辣椒常常被打浆烤成饼干状，然后磨成大红色的辣椒粉。

多香果

多香果盛产于牙买加以及西印度群岛、墨西哥和南美地区，其果实被称为牙买加胡椒或多香果，在青色时就被摘下放在阳光下晒干，然后包装起来售卖。多香果的果实被用来做香料烹制食物，其树皮则被当作化妆品的添加剂。此外，多香果中还可以提取出一种名为丁香油酚的油供烹调使用。丁香当中也可以提取出这种油来。

他在书中认为，朝天番椒是在火星的影响下产生的。"辣椒外皮或椒荚产生的蒸汽……通过鼻腔进入头部，洞穿大脑，导致剧烈的喷嚏……引发严重的咳嗽和剧吐。"扔进火中，辣椒会产生"味道浓烈且有恶臭的蒸气"。吃下辣椒甚至会"危及生命"。然而，卡尔佩珀提出："在克服其有害之处的情况下，辣椒益处良多。"他记录的益处有排出肾结石，消除水肿，缓解生育过程中的疼痛，祛除雀斑，软化皮肤，治愈有毒动物的叮咬、口臭、牙痛以及"癔病和其他女性疾病"。总的来说，辣椒是一种万能良药，一种令人满意的胡椒替代品。

自然见证人

尼古拉斯·卡尔佩珀（1616—1654）在自己短暂的一生中对几百种药用草本植物进行了记录。

药用辣椒

在医学当中，辣椒提取物被称为抗刺激剂，可以帮助缓解风湿病、神经疼痛以及其他影响肌肉和关节的疾病的症状。

金鸡纳树
Cinchona spp.

原产地：北玻利维亚与秘鲁
类型：常青乔木或灌木
高度：15—50 英尺（约 4.5 —15.2 米）

○ 食用价值
药用价值
商业价值
○ 实用价值

它曾治愈国王、王后与革命者，也曾为掌握了其秘密的人带来巨额财富，更曾毁灭许多试图揭开其秘密但却未能成功的人。它曾是帝国，尤其是英国女王维多利亚一世的大英帝国的基石，也曾令 2000 多万人被压迫为奴。今时今日，它因此造成的社会不满仍然在世界各地激荡。

沼地热

李尔王曾在莎士比亚的同名剧作中说道："她们把我恭维得天花乱坠；全然是个谎，疟疾一发起烧来我也没有办法。"疟疾在史上曾令很多名人殒命，这其中就包括亚历山大大帝和英国政治家奥利弗·克伦威尔。要不是因为克伦威尔在爱尔兰被蚊子咬了一口而丧命，英国王室也许永远都不能重新掌权。据估计，当今世界仍有约一半人口处在疟疾的威胁之下，而因疟疾丧生的人口总数则远超世界所有战争和瘟疫导致的死亡人数。20 世纪 30 年代之前，治疗疟疾的方法只有一个，那就是服用用金鸡纳树树皮制成的药品。这种药品在 17 世纪传入欧洲的历史不仅涉及爱情、谎言与堕落，而且交织着不同政府之间的阴谋，其情节波澜起伏，远超任何小说故事。

这一切在欧洲、亚洲和西非蚊虫肆虐的沼泽沿岸以及南美洲的山坡上同时开始。前者为疟疾的诅咒所累，而后者则有着疟疾的解药。

人们一般都认为疟疾是一种热带疾病。然而曾几何时，加勒比海、非洲大部分地区以及马来西亚、斯里兰卡和缅甸是没有疟疾的，但随着船舱底部污水中携带着疟蚊幼虫的外来船舶在这些地区靠岸，疟疾也在这些地区肆虐起来。要不是西方探险家和征服者的踏足，南非也许直到现在都不会受到疟疾之苦。

疟疾是一种会令人虚弱的疾病。1865年美国内战期间，北方联邦军队击败南非联盟军的战争当中就有它的身影。在"二战"期间，要不是盟军保证了抗疟疾药物疟涤平的供应，当时已占领了缅甸、印度和中国的日军甚至有可能建立起一个全新的东南亚帝国。越战期间，据估算有两万名美国人感染了疟疾。疟疾曾被称为"沼地热"，其主要表现为病人连续发冷、发热、多汗，它会使病人极度虚弱，衰竭而死。但有的病人感染后会只发作一次，之后便终生免疫。还有的病人却会遭遇突然复发。有观点认为，具有特定血型的人群对疟疾是完全免疫的。目前，疟疾仍然是一种满身谜题的疾病。

蚊子

疟疾的源头并不是蚊子，而是在血液中携带着疟疾原虫的人体。蚊虫叮咬这些携带者之后，将疟疾传染给其他人。在400多种蚊子中，有大约13%能够携带这种疾病，而且其中的雌蚊要比雄蚊更为致命。雄性疟蚊以花蜜和水果为食，不像雌蚊那样嗜血。而雌蚊则像吸血鬼德库拉一般，需要以血为生。在吸血过程中，雌蚊将疟疾感染传染开来。吸血后，雌蚊会寻找积水产卵。人们可以通过破坏这些产卵地降低感染疟疾的风险，如排干沼泽，或者往水面喷油，降低水面张力，从而防止雌蚊落在水面上。其他预防疟疾的方法包括睡觉时使用蚊帐，或者居住在架空建造的房屋中（蚊子的活动范围不超过地面以上20英尺[约6米]）。历史证明，如果不做防护，疟疾有可能令一方人口全部灭绝。

西班牙小镇青琼坐落在其首都以南，是一座拥有5000人口的古镇。17世纪30年代，半岛战争尚未发生，此地亦尚未遭到拿破仑一世的洗劫。彼时的青琼镇已成为第四任青琼伯爵——大名鼎鼎的秘鲁总督唐·刘易斯——名下田庄的一部分。然而，1629年，他的妻子在秘鲁首都利马身染重病，令他根本无心管理自己的财产。此时，刘易斯被任命为秘鲁的总督。利马创立者、西班牙征服者皮萨罗称秘鲁为王者之城，因而对刘易斯的任命可谓是一份极大的荣耀。面对身染疟疾，已然回天乏术的妻子，

恐怖的小东西

在460种疟蚊中，已知有25%会将疟疾传播给人类。这其中，有40种疟蚊最为常见。

刘易斯只能自慰得到这份荣耀要付出巨大的代价。根据一个名叫塞巴斯蒂安·巴度的西班牙人的记述，在最后关头，刘易斯的医生建议尝试安第斯山脉地区农民使用的一种名叫奎那奎那的药。刘易斯极不情愿地答应了医生的请求。他的妻子随之康复，并将这种药带回了青琼的家中。家中的工人服用这种药之后，青琼再无疟疾的身影，刘易斯的收入也大幅增加。

早在西班牙人征服南美之前，这里的盖丘亚族印第安人就已掌握了金鸡纳树树皮的药用价值。在他们的语言当中，金鸡纳树被称为奎宁，意即树皮。金鸡纳树属于茜草科植物，是一种原生树种。它有很多不同品种，其中有的可以产出多种具有治疗作用的生物碱，而有的则没有这些生物碱。所谓奎那奎那，在盖丘亚语中指的是"树皮中的树皮"，可以提取出包括奎宁和奎尼丁在内的 30 种不同生物碱。这些生物碱目前仍广泛应用于心脏病等各种疾病的治疗。西班牙人给南美洲印第安人带来了麻疹等很多可怕的新疾病，甚至疟疾也有可能包括在内。但对于自己所掌握的奎宁知识，当地印第安人却十分慷慨，并未私藏，即便面对西班牙人也是如此。而且他们还跟传教士分享自己的秘密。这些传教士被称为耶稣会会士，是天主教的虔诚信徒，来这里的目的是拯救所谓异教徒的灵魂。当地印第安人完全不知道，外面的世界正迫切需要一种治疗疟疾的良药，而且一个世纪之内，他们的奎那奎那就要被掠夺殆尽。

从 1650 年开始，耶稣会会士在将近十年的时间里牢牢垄断了对金鸡纳树皮或曰"耶稣会药粉"的供应。但是，这对欧洲的药物学并没有带来多少影响。"耶稣会药粉"被当作一种骗人的把戏，地位也比不上用水蛭给病人放血等传统治疗方法。罗伯特·塔尔博特爵士就是众多斥其为庸医之药的英国名医之一。这是一位影响力很大的人物。他靠治疗疟疾为自己赢得了骑士封号以及大量财富，曾成功治愈英国国王查理二世、法国国王路易十四以及西班牙女王的疟疾。他 1681 年去世时，世人以为他同时也将自己治疗疟疾的药方带入了坟墓。然而路易十四随之将他的药方——奎宁——公布于世。面对这个曾被塔尔博特自己大加鞭挞的药方，世人无不大跌眼镜。到 16 世纪末期，西班牙船队已经开始源源不断地将这种疟疾良药运回欧洲，而为了这种以刘易斯的家乡小镇命名的小树，南非的大片森林

珍贵的礼物
在上一页这幅 17 世纪的版画当中，小孩子所象征的秘鲁向象征着科学的人物形象献上了金鸡纳的树枝。

也被毫不留情地连根拔起。在大约一个世纪左右的时间里，尽管荷兰与英国的园艺家一直在明争暗斗地想要将金鸡纳树带回国，西班牙与安第斯山模式仍然在金鸡纳树的国际贸易中占据着主导地位。

中世纪炼金术探寻的是将普通金属转化为黄金的方法，但这个想法却如圣杯一般虚幻。虽然炼金术士们未能达到点石成金的目的，但却有了一系列意外的发现。对于炼金术的产物化学来说，寻找奎宁之类天然物质的人工合成物的历程也充满了机缘巧合。1856 年，英国人威廉·亨利·珀金建立了一间实验室，使用煤焦油来寻找合成奎宁。然而，他找到的却是一种合成染料苯胺紫，或曰"木槿紫"。当时珀金年仅 19 岁，他将自己的研究成果卖给了德国人，换回了大笔财富，功成身退。在奎宁的替代品问世之前，荷兰、英国与西班牙竞相设法控制对这种产品的供应。

天然补药

到 19 世纪中期，奎宁已成为治疗疟疾的固定药物。尽管第二次世界大战期间，人们成功实现了人工奎宁的合成，金鸡纳树仍然是最经济的奎宁来源。

1859 年，一个名叫克莱门茨·马卡姆的植物标本采集者在安第斯山脉发现了一些金鸡纳树。他将其中一部分送到了位于伦敦的英国皇家植物园，并把剩下的带到了加尔各答植物园以及英国政府设立于印度尼尔吉里丘陵之内的乌塔卡蒙德城的官方植物园。在这里，这些金鸡纳树成功得到了培育。与此同时，荷兰园艺学家约翰·德·乌维基博士则在爪哇建立起了自己的金鸡纳树种植园。

认对了树

1865 年，来自英国的两兄弟登上了历史的舞台。其中一人名叫查尔斯·莱杰，他住在玻利维亚的的喀喀湖湖边，是一名贸易商。他给自己在英国的兄弟寄去了一些金鸡纳树种，写信说这些种子来自于一种奎宁含量很高的金鸡纳树，其含量在 10%—13% 之间，并让自己的兄弟一定要从英国政府那里要到个好价钱。不过英国政府却轻蔑地拒绝了他们的请求，同时也错过了垄断奎宁贸易，赚得大笔利润的机会。相反，德弗莱和荷兰的种植者则抢在了英国人前面，率先在其位于印尼种植园开始了这种金鸡纳树的种植。

为纪念莱杰的贡献，这种金鸡纳树被命名为莱氏金鸡纳。其种苗抗病性差，生长缓慢。不过荷兰种植者们百年的苗圃经验最终还是克服了这些问题。将莱氏金鸡纳嫁接到抗性更好的初生主根上可以得到一种成功的品种。到 1884 年的时候，荷兰人的苦力帮工们收割的树皮量已经能够挑战并最终超过南美洲的产量。尽管英国也在自己位于印度的殖民地开发和坚持奎宁产业，但在这之后的 60 年里，荷兰却成功成为奎宁产业之王，在阿姆斯特丹对其进行加工，并在这里将它销售到全世界。

然而随着 1942 年日本成功占领新加坡，这一切也在重创之下戛然而止。第二次世界大战期间，英国及其盟友全都忙于应对西欧的战事。借机占领了新领土的日本先发制人，对珍珠港发动了空袭，企图重创美国海军。在入侵马来西亚并占领了新加坡之后，日本陆军进而占领了印度尼西亚，终结了荷兰人对这里的殖民统治，并将盟军驱逐出了珍贵的金鸡纳树种植园。与此同时，日军另一股力量穿过缅甸向北方的印度边境进军。他们遭遇着激烈的抵抗，这些抵抗就包括印度部队，而且印度部队所获得的支持不仅有盟军的弹药，而且还有成功的新型药物。还不等日军将种植园里的战利品变现，科学家就成功解决了寻找奎宁替代品的难题，并推出了治疗疟疾的药物，如疟涤平、氯喹以及伯安奎等。在每日一剂抗疟疾药物的武装下，盟军顶住了日军的进攻。随着第一枚原子弹被投向广岛，"二战"的炮火也最终止息下来。而早在这之前，日军的进攻就已被击退。

疟疾再来

2009 年，新闻报道说出现了一种新型疟疾，可以抵抗奎宁的合成替代品。这令世界卫生领域集体大为震动。尽管相比天然奎宁来说具有一定的副作用，但旅行者常规服用的抗疟疾药品已在将近 80 年的时间里成功地保护了人们免受疟疾之苦。但正如疾病领域常常会发生的那样，疟疾这种疾病似乎已发生了变异，导致奎宁这种天然药物的合成药物失去了治疗作用。目前，奎宁的使用领域遍及奎宁水到漱口水等商业产品，但也许在抗击疟疾的战争中，它仍然肩负着重任。

金鸡纳花
金鸡纳树所开的花为圆锥花序，呈小簇状。

甜橙
Citrus sinensis

原产地： 中国和东南亚
类型： 小型树木
高度： 最高25英尺（约7.6米）

◎ 食用价值
◎ 药用价值
◎ **商业价值**
◎ 实用价值

一杯新鲜的橘子汁不仅美味提神，有助于人们开始新的一天，而且也是我们补充体内所需维生素 C 的营养饮品。几个世纪以来，柑橘类水果的益处早已为人所知，但这一点却并没有广泛传播开来。随着英国航海家詹姆斯·库克启程航向太平洋，航海的历史亦被改写。而这一切，都要归功于柑橘类水果。

坏血病与柑橘

1769 年的一天，在毛伊之鱼和毛伊之船（现新西兰的北岛和南岛）之间拉卡瓦海峡丰饶的水面上，毛利族渔民正在自己的独木舟上劳作。突然，他们看见地平线上由远及近驶过来一个奇怪的东西。这是一艘 105 英尺（约 32 米）长的三桅帆船，曾是一艘商用运煤船。现在这艘船加装了大炮，船上飞舞着英国皇家海军的旗帜。随着它快速驶过海峡，船舷上印刷的船名也露了出来——皇家奋进号。

船上载着船长詹姆斯·库克以及 94 名乘客和船员。除了其中两个人之外，船上所有人的健康状况都非常好，这在当时来说算得上是一件异乎寻常的事情。后来，为了纪念库克船长，拉卡瓦海峡被改名为库克海峡。

库克船长出生在约克郡。他出身寒门，是一名非常出色的航海家，而且纪律严明，是一名航海天才。1768 年，他绕南非航行，到达塔希提岛、新西兰和澳大利亚东岸，整个航程所用时间还不到三年。在这个

航海史里程碑

　　皇家奋进号是英国航海史上的一个重要标志。这幅画描绘了它从新西兰起航的场景。

过程中，他绘制出了加拿大的部分海图以及新海域的海图。凭借这一点，这时的他已然蜚声天下。在航行过程中，每当在南太平洋上遇到大型群岛，他都会使船靠岸，因而他所开拓的航线成功推翻了之前未知的南方大陆是一片完整的大陆这一理论。同时，库克船长还反证了在船上生活的人一定会染上"探险家病"——坏血病——这一观点。在非常健康地进行了另外两次历史性的航行之后，库克船长不幸在一场与夏威夷岛民之间突然发生的打斗中丧命。在萨缪尔·约翰逊的眼中，水手待在监狱里要比在船上好得多，这样不仅没有淹死的风险，而且可以享有更多空间、更美味的食物以及"一般来说更好的同伴"。虽然皇家奋进号上的生活并不像约翰逊之流在流行小说当中描写的那样可怕。不过，这里仍然是一个秩序井然的小王国。在上甲板中部有专门的船中部水手，这些人当中有的是被暂时征用的。甲板上面则是航海当中的精英，即所谓桅楼守望员。他们的工作是固定索具。在第一场航行中，两位著名的研究人员——植物学家大卫·索兰德博士以及约瑟夫·班克斯博士——也加入了他们。库克严格地要求船上所有人都要执行卫生和定时进餐制度，而且只要能摘到一种名叫独行菜的滨海卷心菜，他都会让船上的人食用。后来，这种菜也被人称为"库克坏血病菜"。

　　根据英国海军军医詹姆斯·林德的指示，库克船长安排船员在饮食中加入了柑橘类水果和德国泡菜。尽管不是所有人都

室内的橘子

　　17世纪，法国太阳王路易十四的宫廷凡尔赛宫辉煌而又奢华，这里建有一座橘园。它长500英尺（约150米），高45英尺（约13.7米），其中种植着1200棵橘子树，标志着加热式橘树温室在欧洲贵族当中开始流行。在这种温室当中，香气逼人的橘树可以开花。当时，水银温度计尚未问世，这意味着温度的调节完全依赖于个人的判断。"如果温室中的水上冻，"荷兰园艺师范·奥斯坦在1703年建议说，"那你就必须用油灯……给其中的树木缓慢加热。"这些植物给它们的主人（还有手快的园丁们）的餐桌上再添了一味健康食材。

阳光孕育的水果

虽然橘树可以在室内种植，但最适宜其生长的温度是59—86°F之间（15—30°C）。

这种树全年都能结果，花朵、成熟与半成熟的果实会同时挂在树上。

——古希腊自然科学家泰奥弗拉斯托斯（前约371—前约287年）

在最终安全返航（1771年航行结束时只有56人登陆，班克斯博士资助的三名艺术家全都丧生），但这种权宜之计成功地保护了大部分船员免于遭受坏血病之苦。

对于17世纪商船上的人员来说，坏血病要比海盗或者恶劣天气更为可怕。其症状先是皮肤出现黑色斑点，牙齿松动，而后便是内出血。这是一种重要的标志，说明水手的胶原正在分解，维持细胞结合的结缔组织也随之分解。一般来说，患者出现这种情况后，几天之内便会痛苦地死去。

船员们住在空间局促的船上，成年累月地以腌牛肉和饼干为食。不过，这种病并不仅见于水手。古希腊医师希波克拉底就曾记录下这种神秘的疾病。1096年，天主教针对伊斯兰教发动了圣战，但最终并未能战胜对手萨拉丁。在这场十字军东征期间，坏血病也是曾困扰基督徒的疾病之一。

而在海上，坏血病也阻碍了严肃探险活动的发展。1479年，葡萄牙探险家达·伽马前往印度的旅程就差点因为其全体船员感染坏血病而提前流产。"我们的很多人都病倒了，"在成功登陆非洲东岸买入新鲜橘子之前，他在自己的日志中写道，"上帝慈悲……得益于这里的好空气，我们所有的病人都恢复了健康。"除了他所说的干净空气，达·伽马也非常清楚柑橘类水果治疗坏血病的功效价值。之后他的船上有人病倒时，"船长就会派人上岸带回橘子来。这正是我们的病人迫切需要的"。达·伽马手下有过半的人因坏血病而死，但是已然知晓救治之道的他似乎并未将橘子的功效告诉其他人。1593年，英国船长理查德·霍金斯呼吁道："败血病是大海上的瘟疫，水手的噩梦，应当有个学识渊博之人描写一下这种疾病。"一名来自爱丁堡的绅士——詹姆斯·林德——完成了这项工作。1739年，他首次登船，身份则是医生助手。

在林德的首次航海之旅中，他到了地中海以及更远的西印度群岛，并成功完成了这次旅程中的任务。1747年，已在皇家索尔兹伯里号上升职为医生的林德试验了多种治疗坏血病的方法。他选中12名患上此病的水手作为样本，分别让他们服用大蒜、蘑菇、山葵、苹果酒、海水、橘子以及柠檬。其中服用了柑橘的病人几乎一夜之间就获得了痊愈，这给林德1753年写作《坏血病概论》提供了素材。他所提出的有关柑橘疗法的建议过了一段时间才为英国海军高层所知。个中原因大概也跟他将疾病源头归因于通风情况恶劣、盐分摄入过多以及寒冷气候导致的"排汗受阻"有关。

库克船长在夏威夷岛民手中不幸殒命几年之后，琅琅上口的歌谣《橘子和柠檬》在孩童之间流传开来，并一直传唱到了今天。歌中唱道：

橘子和柠檬，
钟声响起在圣克莱蒙。
欠我五个铜板的你呀，
钟声响起在圣马丁呀。
啥时候能还我钱呐？
钟声响起在老贝利呐。
等我有钱的那一天吧，
钟声响起在肖迪奇。

孩子们之间还会玩一个唱着这首歌做的游戏。唱到最后一句时，会假装砍下最后一个人的头，这跟伦敦曾公开施行的绞刑有关。橘子实际上来源于东方，而柠檬则被认为原产于印度西北部地区。柑橘类水果是热带和亚热带地区最重要的水果种类之一，其品种包括酸橙、甜橙、柠檬、蜜橘、葡萄柚及青柠。在英语中，单词 Limeys 原来的意思是柠檬汽水，但现在已略带贬义，指的是英国海军士兵。因为他们自库克船长时代开始，只要出海就会带上这种东西。酸柠檬汁会伤害这些人的牙齿，但柠檬的保存期限比橘子要更久，而且也能防止坏血病。

酸度比赛

依品种不同，柑橘类水果也有不同的酸度。其中柠檬和酸橙的酸度最高。

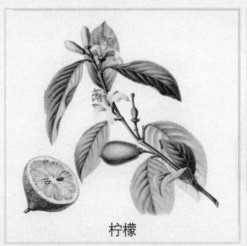

柠檬

酸橙

椰子

Cocos nucifera

原产地：印度太平洋地区
类型：单树干棕榈树
高度：100 英尺（约 30.5 米）

○ 食用价值
○ 药用价值
● 商业价值
○ 实用价值

夏威夷地区有这样一个谜语：什么上去的时候是棕色，下来的时候又变成白色？在我们心目中的天堂里，椰子树是一种必不可少的元素。有人说，每年因椰子落地被不幸砸死的人数超过 100 人。尽管这一点仍然有待商榷，但毫无疑问，椰子的用处和用途要远远超过竹子。

猴面果

1890 年，看到天空中飞翔的外来椋鸟，纽约人都感到十分惊奇。来自纽约动物学会的尤金·施福林刚刚在纽约中央公园放飞了它们。他有一个疯狂的计划，那就是要把莎士比亚戏剧中出现过的所有鸟类都引进到美国，这些椋鸟就是其中的一部分。而当时的工业家关注的则是另外一种外来事物，那就是棕榈科植物中经济性最高的成员——椰树。

在塑料问世之前，制造商十分渴求能从第三世界获得一种既经济，又能满足从涂料、地毯、篮子到食品和饮料生产等各种用途的材料。实践证明，椰子就是这样一种天赐的恩惠。椰子被葡萄牙人称为猴面果，其收获被称为"懒人的庄稼"。传说当地人就睡在椰树那伞一样的树荫下，直到听到椰子落地的轻响才会醒来。他们会用弯刀将椰子打开，把里面的椰浆一饮而尽，再扔点白色的椰蓉给鸡吃，然后再接着倒头睡去。

事实与这番传说稍有不同。在印度尼西亚和太平洋岛屿上，椰农们早早就会

> 一个人有三只眼，但只能用一只流眼泪。它是什么？
> ——夏威夷谜语

起床收获这种运输到世界各地的农产品。椰树浑身上下没有任何一部分会没有用处。椰子被杂耍艺人买去进行打椰子表演，椰纤维被加工成垫子，晒干的椰核则被送进了肥皂和人造黄油厂。在印尼有这样一句谚语：每一

天，椰子都有不同的用途。晒干的椰树叶可以烧火，椰核可以给婴儿吃，也可以喂养母鸡和猪等。成熟的椰核可以制成糖果和酸辣酱，叶子能编织成篮子和垫子，叶柄则可以绑起来制成扫帚。压榨磨碎的椰核得来的油可以用在烹饪中，给米饭增色，或者给鱼和香蕉制作的菜肴调味。

打开椰盖可以看到里面有一层像水一样的液体。这种液体十分有益于健康，而且也很干净，因此台风过后水源受污染的情况下，用它来替代饮用水是非常安全的。"二战"期间，它甚至还被当作无菌水拿来做静脉输液用。把它装进椰树叶编成的容器里，可以发酵成棕榈酒。这种饮料在新鲜发酵的状态下可以在做面包时充当酵母。棕榈酒经过蒸馏后就变成了令人晕眩的亚力酒。对受外伤的人进行急救时，可以采用无菌的椰子水清洗其伤口，同时将咀嚼过的嫩叶敷到伤口上进行止血。

人类只花了很短的时间就将椰子带到了全世界。传教士把它带到了圭亚那，葡萄牙人则把它传播到了几内亚。16 世纪时，椰树的身影已经出现在了美洲热带地区的东海岸。椰子可以漂浮在水面上，因此在太平洋洋流的帮助下，这种传播种子的方法早已将椰树传播开来。那么椰树到底起源于哪里呢？椰子最古老的名称是梵文，这将其发源地指向了印度。不过，新西兰北岛出土的一块原始椰子化石表明，5000 年之前这里可能就已经有椰树了。

棕榈树与原始森林之争

肥皂曾经是以动物油脂为原料，而现在，其中被加入了椰子和非洲油棕制成的油。非洲油棕原产于热带非洲的西部地区。但现在，对于非洲油棕的需求导致了一系列问题。由于它占全世界食用油消耗量将近一半，因此棕榈油种植园在马来西亚、印度尼西亚和巴布新几内亚已占据了大片原始森林，并威胁到了泰国、柬埔寨、印度、菲律宾和拉美地区的原始森林。要解决这个问题，可以限制棕榈油种植园向原始森林的扩张。

咖啡
Cocos nucifera

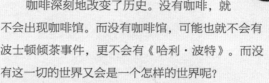

原产地: 埃塞俄比亚(前阿比西尼亚)
类型: 常绿乔木
高度: 最高32英尺(约10米)

◎**食用价值**
◎药用价值
◎**商业价值**
◎实用价值

咖啡深刻地改变了历史。没有咖啡,就不会出现咖啡馆。而没有咖啡馆,可能也就不会有波士顿倾茶事件,更不会有《哈利·波特》。而没有这一切的世界又会是一个怎样的世界呢?

赞美之歌

"咖啡可真是香甜啊!"德国作曲家约翰·塞巴斯蒂安·巴赫曾写道,"比一千个香吻更迷人,也比麝香葡萄酒更醉人。"这段话写于18世纪30年代,当时已步入中年的巴赫刚刚谱写完自己的《咖啡康塔塔》,等待着它在齐默曼咖啡厅的初次公演。巴赫的作曲家同行格奥尔格·菲利普·泰勒曼正是在这里建立起了巴赫大学音乐厅。

对于这款深具魅力的饮品来说,《咖啡康塔塔》不过是因它而诞生的众多艺术作品与经济成果之一。1650年,胸怀文学抱负的学生们纷纷与朋友一起现身牛津附近开业的英国第一家咖啡馆。诗人约翰·德莱顿就是其中一员。20世纪初,法国哲学家让·保罗·萨特在巴黎穹顶咖啡馆度过了很多极具创造性的时光。20世纪中叶,"垮掉的一代"的代表诗人艾伦·金斯堡在美国加州港市伯克利的地中海咖啡馆创作出了其名作《嚎叫》(这家咖啡馆被认为是拿铁咖啡的发明地。奥克兰的DKD咖啡馆则与之相似,被有些人认为是新西兰奶香咖啡的发明地)。20世纪90年代中期,经济上已陷入窘境的单身母亲J.K.罗琳在苏格兰爱丁堡的大象咖啡屋中创作出了风靡全球的《哈利·波特与魔法石》。

黑金

第一篇与咖啡有关的小说大概诞生于咖啡豆的故乡——埃塞俄比亚。咖啡对于这个国家来说犹如黑金一般价值连城。埃塞俄比亚是现代人类的发源地之一，也是这个世界上最古老的国家之一。而且它还拥有自己独特历法，比采用公历纪年的地区在时间上要晚七到八年。20世纪，这个国家也成为全世界最贫穷的国家之一，个中原因从一定程度上来说要归咎于咖啡贸易。由于咖啡在埃塞俄比亚的海外收入当中占比超过60%，咖啡需求的任何些微波动及这种波动对售价产生的影响都会给该国的经济带来危机。

埃塞俄比亚是非洲最古老的伊斯兰教徒聚居地以及第一个基督教国家。如果传说可信，那么给我们带来咖啡这种饮品的就是当地的僧侣。传说牧羊人卡尔迪在寻找自己失散的羊群时发现他的山羊正在大嚼特嚼一种红色的"浆果"。吃下这些果实之后，他开心得手舞足蹈，并与一个经过的路人分享了自己的这个新发现。这种红色果实所含有的咖啡因也令他感到精力十分充沛，于是他就把这些果实带给了自己的僧侣朋友。后来，这些僧侣开始种植并饮用咖啡，好让他们在祈祷时保持清醒。1753年，林奈将这种果实命名为小果咖啡。

从经济角度来说，小果咖啡是咖啡中的第一大品种，占全球咖啡总产量的70%。大果咖啡与高产咖啡则比之稍逊。小果咖啡最大的竞争者是中果咖啡。另外，声名在外的牙买加蓝山咖啡、巴西蒙多诺渥咖啡以及圣拉蒙矮种咖啡等咖啡品种的果实都有着共同的特点，即果实当中包含着一对卵形的咖啡豆。

马可·波罗

公元1271—1275年，威尼斯旅行家马可·波罗沿丝绸之路向东旅行，并在1292年—1295年之间经由印度南部的苏门答腊归国。在他回到家乡之前，他的足迹几乎遍布蒙古地区。普遍认为是他将咖啡介绍到了西方，同时他也是首批将巴西苏木、姜、丁香、西米、良姜和姜黄带回西方的欧洲人之一。

勇敢的探险家

这幅袖珍画是《马可·波罗游记》一书中的插图。该书最早出版于马可·波罗生前。据说他是第一个将咖啡引进威尼斯的人。

在某些情况下,这一对咖啡豆会发育成一颗单粒咖啡豆,被称为珠粒。而当咖啡豆外层包裹的果肉被剥离后,就会呈现出不育的特点来。

阿拉伯国家从邻近的苏丹将咖啡进口到也门,并通过这里的港口穆哈将其运输出去。在这个过程中,他们对于保护自己的咖啡财富不遗余力,大大地利用了咖啡豆的上述特点。马可·波罗将咖啡引进到了自己的祖国威尼斯。到1615年时,威尼斯人开始将这种咖啡因饮品引入"旧世界",而它也将与来自美洲的西班牙巧克力以及来自中国的茶叶产生竞争。最早引进咖啡树的是荷兰人,这也解释了为什么他们直到现在仍然每天都离不开咖啡。1599年,荷兰莱顿植物园就已应用上了加热管。到1616年时,聪明的荷兰园丁们已经开始在自己的新型温室中种植繁育咖啡树了。17世纪期间,荷兰人将咖啡树苗往东运输到了印度的马拉巴尔海岸以及爪哇的巴达维亚(今雅加达)。爪哇,也就是今天的印度尼西亚,在后来成为世界上的主要咖啡出口国之一,并使荷兰人成为咖啡贸易的大师。

1720年,法国海军军官狄克鲁在前往拉丁美洲马提尼克岛的旅程中携带了一棵咖啡树。一路上他保护着这棵宝贵的咖啡树穿越了暴风雨与海盗的重重威胁以及一个发了疯的乘客对它的攻击。船只因没有风而无法前行并且缺乏淡水时,他还将自己那少得可怜的淡水配额跟咖啡树共享。庆幸的是,这棵树平安登陆,被小心地种在了一堵保护它的荆棘篱笆后面。由它繁殖而来的咖啡树构成了马提尼克咖啡工业的基础。咖啡树走出了其原有的种植区域,并很快就被传播到了西印度群岛、中南美洲以及斯里兰卡。

新兴咖啡馆的流行促进了咖啡的传播。历史学家托马斯·麦考利称咖啡馆是一个"重要的政治机关",他曾这样描写咖啡馆:"第一家咖啡馆"是"一个土耳其商人开办的,他在伊斯兰教徒当中掌握了这些人最喜爱的饮料的口味"。1683年,威尼斯一家咖啡馆开业。1720年,著名的弗洛莱恩咖啡馆在圣马可广场上开门纳客。由于它是当时唯一一家接待女性顾客的咖啡馆,因而深受意大利风流公子的喜爱。两个世纪之后的今天,这家咖啡馆仍然向客人供应传统的卡瑞托咖啡(由意大利浓缩咖啡与一种类似白兰地的意大利酒混合而成,它能散发出特殊

早餐的快乐

17世纪时,咖啡已成为法国中产家庭的饮品。画家弗朗索瓦·布歇在自己1739年的画作《午餐》中就描绘了这一幕。

的香味）。

咖啡馆不仅适合进行艺术创作（尽管伦敦一名评论家曾批评说它们"充斥着烟草味，比地狱还要糟糕"），同时也是进行商务活动的理想场所。1688年，爱德华·劳埃德在伦敦金融中心朗伯德街上开办的咖啡馆成为船东的聚集地以及航运保险企业劳合社的发家之所。之后，纽约华尔街上也出现了一家小咖啡馆。在这里，经济学家与美国的第一任财政部长亚历山大·汉密尔顿制订了创建央行的计划。对于汉密尔顿来说，若能沉溺于咖啡，也许一切都会不同。1804年，他死于与副总统艾伦·伯尔的决斗。史料说，汉密尔顿虽然开了枪，但却故意打偏，而他的对手伯尔打这一枪时却是抱着必中的决心。1773年，波士顿茶党在波士顿城中的绿龙咖啡馆制订了行动计划，《独立宣言》亦是在费城的麦氏咖啡馆首次公开宣布的。相对于喝"英国人"的茶，喝咖啡也成了一件爱国之举。

从此以后，咖啡消费量以势不可挡之势大幅提高，塑造了深度依赖咖啡贸易的第三世界经济。这个领域发生任何像2000年咖啡价格暴降这样的异动，都会令成千上万人堕入破产的深渊。从北回归线到南回归线，几乎每一个国家都生长着咖啡树。不过在赤道地区，咖啡树却可以像橘树那样四季开花结果，因而需要大量人力进行手工采摘。运输到发达国家的咖啡使无数咖啡制造商成为百万富翁，但它们的种植者却仍然一贫如洗。因此20世纪后半叶，一些与当地社区建立了联系的宗教和普通社会团体开始组织"要贸易不要援助"运动。咖啡馆奢华的陈设与近2500万仅能维持生计的农民之间存在的巨大鸿沟令这些团体感到触目惊心，于是他们开始直接从种植手中采购咖啡，将利润交还到咖啡种植国。20世纪90年代，这股风潮扩展到了美国。尽管有虚假交易之嫌，但2009年，星巴克成为世界上公平贸易咖啡最大的买家。对于这场发端于荷兰的运动来说，这不啻于一座里程碑。而荷兰也正是第一个将咖啡带出非洲的国家。

社交纽带

19世纪末，在阿尔及利亚首都阿尔及尔，三名男子正在一家咖啡馆中闲谈。喝咖啡已成为遍及世界各地的一种社交活动。

奶泡咖啡

法国政治家夏尔·莫里斯·德塔列朗－佩里戈尔曾说："意式浓缩咖啡对于意大利的重要性，就如同香槟之于法国一般不可或缺。"这表现出了他对这种浓缩咖啡的偏爱之情。卡布奇诺咖啡是一种添加了热牛奶的浓缩咖啡，其问世时间则要晚于意式浓缩咖啡。拿铁是将意式浓缩咖啡与高温牛奶混合，摩卡则是热巧克力与咖啡的混合物。20世纪末，这两种咖啡如一股风潮席卷美国并传入欧洲。众所周知，最好的土耳其清咖啡应该"黑如地狱，浓如死亡，甜如爱情"，与威尔士海滨老派咖啡馆奉上的奶泡咖啡相比，二者可谓大相径庭。

芫荽

Coriandrum sativum

原产地： 从南欧到北非，再
到亚洲西南部地区
类型： 芳香型一年生植物
高度： 约2英尺（约60厘米）

◎食用价值
◎药用价值
◎商业价值
◎实用价值

没有芫荽那辛香的味道，印度菜肴会是怎样一番模样？印度是著名的香料之国，英国诗人威廉·古柏就曾在自己的诗中提到"在印度那飘着香料味道的海岸边"（《慈悲》，1782年）。不过，芫荽并不是一种原生于亚洲的草本植物，而是源于地中海地区。为什么它能传播这么远呢？因为这种植株高大纤细、气味芬芳，而且能疏通肠胃胀气的植物既是一味草药，还是一种香料。

厨房进化史

不论是在明尼苏达州的高速公路旁还是在塞浦路斯宁静的乡间小路边，我们都可以找到高挑的随风摇摆的野生芫荽。在埃及饭店点一道沙拉，其中就有可能含有刚摘下来的鲜嫩而又翠绿的芫荽叶。有的人认为这是人间佳肴，还有的人却对它深恶痛绝。到秘鲁买一碗汤，其中也会出现芫荽叶。印度孟买街头的咖喱小贩售卖的小菜当中也会加上芫荽子调味。时光回到中世纪，急于求子的女性会在左腿的大腿内侧绑上11—30粒芫荽子。人们相信，这是一种促进受孕的魔法，其中数字的确定十分神秘，而且也很重要。为什么在烹饪和医疗两个领域，这种来自地中海的植物都有着这么大的影响呢？

芫荽跟姜黄相似，都来自印度，是众多能够祛除异味的天然食物之一。它是一种伞形花科植物，可以结出气味芬芳的种子。其他伞形花科植物还包括葛缕子、小茴香、莳萝以及茴香。虽然这些香料从未颠覆哪个国家，也未引发任何一场战争，但其中每一味香料都在世界烹调史上扮

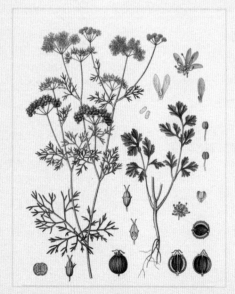

当以色列人摆脱在埃及的奴役生活，在返回自己的家乡的旅途中，他们吃下野外的吗哪，而这吗哪仿佛芫荽子。
——《圣经·民数记11》

长寿香料

在约公元前 1400 年的一座墓室当中，一幅随葬画展现了各种不同的食物。古埃及人在烤面包时会加入芫荽调味。

演了重要的角色。

通常，葛缕子在欧洲被当作香料添加到蛋糕、面包、奶酪、汤和一种德国利口酒中。小茴香不仅给咖喱粉增添了风味，而且还被人们当成一味草药，尤其用于提神和镇静方面。莳萝可以在腌黄瓜时当成调料添加进去，也被推荐用来治疗卡尔佩珀口中的疾病。茴香一开始只是用来给汤和鱼露调味，但后来，科学家发现它含有几种十分有用的油分，最终将它列入了 1907 年出版的《英国药典》。在糕点糖果、调味品、腌渍菜、浓缩果汁和酒类中都能看到茴香的身影。

然而，芫荽却是一种有着神秘气息的植物。它的治愈功效与葛缕子、莳萝以及茴香相似，都跟人的消化系统有关。芫荽有时又被称为"中国香菜"，其种植历史至少已有 3000 多年，被中国人认为能够延年益寿。古希腊人跟古罗马人都十分重视芫荽的药用价值，而在古罗马，人们保存肉类的方子当中也会用到芫荽。芫荽原产自地中海干燥的灌木丛地带。得益于古罗马帝国的扩张，它被传播到了欧洲北部，并在法国酿酒僧侣窖藏查特酒和本尼狄克丁甜酒时加进了酒里，这两种酒以有助于消化而闻名。几乎可以肯定，古罗马商人与穿越丝绸之路或印度洋这两条贸易通道的商人有着贸易往来，他们通过后者将芫荽传播到了印度。而这种植物也正是在这里变成了一种基本的烹饪原料。

香料？草药？

草药和香料曾一度被认为有着比调味料更为重要的作用。它们被当作是超自然力量在尘世的象征，魔法和药物这两种曾经非常相近的领域都会用到大量的香料和草药，同时二者的特性也得到了细致的研究。比如，卡尔佩珀曾说莳萝是"一种受水星支配的植物"，茴香则是"位于处女座之下的水星植物，因而排斥双鱼座"。在书中，卡尔佩珀并未提到芫荽。

用途广泛的种子

在印度，人们会用水煮芫荽子喝，来治疗感冒。

藏红花
Coriandrum sativum

原产地：小亚细亚
类型：球茎植物
高度：6英寸（约15厘米）

◎ **食用价值**
◎ **药用价值**
◎ **商业价值**
◎ **实用价值**

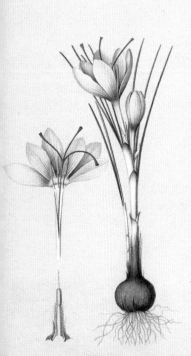

中世纪，藏红花是一种无可匹敌的奢侈品。对于厨师和染匠来说，它是一种必不可少的着色剂。然而似乎无论藏红花生长在哪里，其所在之处总是难免会发生各种动荡与灾难。难道这也是为何它如今仍然是世上最昂贵的香料的原因吗？

虎狼之药

藏红花是一种迷人的球茎植物，花朵完美对称，盛开之后，会吐出一对长矛形的绿叶。从传统中医药物到给织物和大米染色，藏红花在人类的许多活动当中都扮演了一种特殊的角色。就人类而言，藏红花最重要的物理特性很微小，尼古拉斯·卡尔佩珀在自己1653年的《草本全集》简明地解释道："其花朵……由六条纤长但尖端圆润的紫色花瓣组成，花瓣中间是三根雄蕊，色彩如烈焰，明黄或艳红。将花蕊收集起来小心地在藏红花窑中烘干，制成方形花砖，就是我们在商店中见到的藏红花了。"

植物一旦开花也就意味着它准备好繁殖了。番红兼具雄蕊与雌蕊，生来就能吸引自己独特的传粉者——一只昆虫或小鸟——将花粉从一株植物的雄蕊花粉囊传给另一株植物的雌蕊授粉，雌蕊则由柱头、花柱和子房组成。收获藏红花时，授粉过程遭到了阻断。这是因为藏红花的活力之源，橘红色的柱头被用手摘下，进行干燥，然后整个或者被磨成粉出售。由于每朵花只有三根柱头，因此藏红花的收获耗费极高，每公斤藏红花可能需要15万朵鲜花。

卡尔佩珀曾说："它是太阳的植物，亦是雄狮的植物，因此你无须知道它为何能令心脏如此强壮。"他主张任何时候处方中一次性使用的藏红花分量都不能超过10格令（等于0.65克）。他还说，有的医生开出的处方剂量十分危险，"有1吩

藏红花盛开在九月，但它的叶子直到来年春天才会萌发。
——《草本全集》（1653），尼古拉斯·卡尔佩珀著

到 1.5 吩"。1 吩等于 20 格令，或者约 1.296 克。他警告说，这种医生会造成藏红花过量的风险，其标志为"难以控制的痉挛性大笑，这种大笑最终以病人的死亡而告终"。

在合理使用的前提下，藏红花这种苦甘掺半的刺激性药物可以促进消化，降低高血压并促进行经和血液循环。某些国家的国民菜肴，如西班牙什锦饭和西班牙炖海鲜、意大利烩饭以及法国鱼羹在烹制时会加入少量的藏红花。它能够给蛋糕和汤汁增添风味，并在古罗马时代被当做弥漫香来清新空气。然而无论它出现在哪里，它都会在带来短暂的财富之后，让灾难笼罩一切。亚历山大大帝曾在洗浴时加入藏红花来缓解自己的伤痛，但却身染疟疾而死。对于古希腊锡拉岛（现在的圣托里尼）的岛民来说，藏红花这种作物能给他们带来丰厚的收益，但公元前 1600 年左右，一场可怕的火山爆发埋没了这一切，将描绘着藏红花收获场景的优美马赛克镶嵌画埋葬在了火山灰之下。12 世纪时，瑞士西北部城市巴塞尔的居民们因藏红花而获得了大笔利润，然而他们的农作物却突然绝收。相似的命运也降临到了德国纽伦堡、英格兰东部以及美国宾夕法尼亚州的藏红花种植者身上。1812 年美国第二次独立战争期间，在英国下令封锁美国之前，宾夕法尼亚州出口的藏红花价格堪比与其自身重量相等的黄金。卡尔佩珀曾写道："在剑桥郡以及萨弗伦沃尔登和剑桥郡之间的地区生长着大量藏红花。"不过他还有一点没有提到，那就是萨弗伦沃尔登人为了表达自己对藏红花的感激之情，而将这里冠名以藏红花的英文 Saffron。然而，这里的藏红花市场也同样遭遇了昙花一现的命运，这是因为农民们开始选择种植非洲传播过来的新式作物，如玉米和土豆。

藏红花被人类驯化之后 3500 年左右，这种世界上最为名贵的香料产地已经变成了克什米尔、西班牙与阿富汗。有人说，它对这些地区的农民来说，是一种具有现实意义的鸦片替代作物。

藏红花大丰收

这些描绘了藏红花收获场景的壁画可以追溯到公元前 1600 年左右。它们出土于希腊圣托里尼岛上一处名为阿科罗提利遗址，这是一处青铜时代的人类聚居地。

流行良药

17 世纪时曾流行一种名为花叶秋水仙的药物。卡尔佩珀说它"不过是干燥的藏红花根而已"。在英国有不少人因为开出这种药的处方而被起诉，这其中就包括"清教徒及宗教狂热分子"威廉·布兰克。1619 年，根据调查委员会的调查，"这个出生在荷兰的庸医……"在治疗期间"只是简单地念了圣主耶稣"，并承认开具了"花叶秋水仙的处方。该处方被学院称之为'荒谬'"。布兰克反驳说自己可以"拿出学院开出的更荒谬的处方"，但经过质证，他承认"自己并不懂得水肿和疟疾的病因"。

纸莎草
Cyperus papyrus

原产地： 埃及、埃塞俄比亚和非洲热带地区
类型： 沼泽莎草科植物
高度： 5—9 英尺（约 1.5—2.7 米），但可长至 15 英尺（约 4.6 米）

◎ 食用价值
◎ 药用价值
◎ 商业价值
◎ **实用价值**

用途广泛

在并不遥远的过去，尼罗河三角洲曾有着丰富的纸莎草资源。它们被制作成为各种日常物品，如船只、拖鞋和篮子。

公元前 3000 年左右，纸莎草首度被古人从尼罗河三角洲泥泞的河岸边采摘下来，从此开始了它记录历史本身的旅程。它给我们带来了纸张。尽管它的这种用途早在 1000 年前就已逐渐消失，但在 21 世纪，这种古老的埃及植物也许会迎来一轮新生。

现在，停下你正阅读的文字，忘记这些词语、字体和图片，用手指划过页面来感受指下的纸张。你所感受到的是树木。它们被运往世界各地，然后切成碎片，打成纸浆，经过漂白和分层等工序之后被交到货主手中，等待油墨的印刷。这些细腻光滑的纸张代表了自纸莎草首度被制成纸张以来 5000 多年的造纸发展史。

纸莎草这种植物发源于埃塞俄比亚的河流盆地，并生长在尼罗河三角洲一带。11 世纪时，一场干旱对其造成了严重打击，导致这里的纸莎草元气大伤。大约 4000 多年前，古埃及人开始采用纸莎草纸书写文字，这是人类走出史前时期的一个重要转折点。

造纸发展史

所谓羊皮纸就是由从动物身上剥下来干燥压平的动物皮制成的。尽管这种纸取代了纸莎草纸，但后者仍然以其轻便和柔韧性而备受看重。公元 800 年左右，纸莎草纸已经基本上退出了历史的舞台，不过梵蒂冈在这之后还是用纸莎草纸来书写了一段时间的教皇诏书。当时，中国已经成功掌握了造纸术。蔡伦被认为是造纸术的发明人。他的方法是先将带有竹框的细孔网浸入装有纸浆的大桶，再将网拉出来，然后再将其压平晾干。他在公元 105 年左右发明了这种技术。到 751 年时，它已经传

> 我们必须从植物的形态、它们在外界条件下的行为、其生长模式以及整个生命历程的角度思考植物有别于他物的特质及其普遍本质。
> ——古希腊哲学家兼科学家泰奥弗拉斯托斯（约前 371—约前 287）

播到了阿拉伯国家。阿拉伯人以破旧布片碎屑为原料改进了其中的工艺，并且随着他们在 11 世纪时占领西班牙，造纸业亦被带到了那里。就在阿拉伯人被最终赶回北非的同一年，哥伦布也踏上了前往美洲的旅程。

在美洲，他发现墨西哥的阿兹特克人和托尔铁克人早就已经利用树皮制造出了自己的纸。（就在刚刚过去不久的 2000 年，位于墨西哥中东部的普埃布拉州仍然在生产树皮纸。）与使用纸莎草造纸相似，他们的纸浆中的关键成分是纤维素。纤维素是一种存在于植物细胞壁中的刚性材料，正是它赋予了植物以硬度与韧性。黄蜂通过咀嚼并吐出植物纤维素来建造自己纸一般而且外观似灯笼的蜂巢。蔡伦有可能就是因为观察到这一现象受到启发而发明了造纸术。法国科学家瑞尼·瑞欧莫则承认了蜂巢对自己的贡献。1719 年，他发现如果造纸工人能够发明一种方法像黄蜂一样将破旧布片碎屑碾碎，就可以在造纸过程中用破旧布片碎屑取代木头。最终，在 1843 年时，一个名叫撒克逊·凯勒的人研究出了制造磨木纸浆的方法。而 12 年后，梅里耶·瓦特则取得了化学纸浆的专利。

20 世纪 60 年代，无数纸张从专题记者们手下不停敲击的手动打字机中流出，将上述这样的历史打印出来。他们的智慧之言变身为铅字之后就被排进页框里，然后再推上油墨淋漓的印刷机印到一卷卷巨大的白报纸上。大约半个世纪之后，一个个计算机字符与数字下载彻底改变了整个造纸工业，给报纸、杂志甚至是你手中正捧着的这一本书带来了一个变幻莫测的未来。

即便电子邮件的出现，某些国家的纸张消耗量仍然提高了40%。就印刷纸张而言，平均每个美国人每年要消耗 9 棵成年松树。在印度尼西亚这个生物多样性居全球第二位的国家，已经有 75% 的森林被砍伐殆尽，而这些森林大都被用到了造纸业。有两种方法可以解决这一问题。一种是提高纸制品的循环利用，而另一种则是在各个地区就地寻找资源和造纸。将再生纸与不含树木的材料混合起来可以提供稳定的纸张供应，减轻给全世界森林的压力。从竹子、麻类植物、制糖产生的甘蔗渣到玉米秸秆、稻草甚至纸莎草，任何含纤维的植物都可以用来造纸。

纸莎草内茎

纸莎草纸由纸莎草的茎制成。人们将一根根长茎并排放在一起，然后在上面再放一排。这两层纸莎草被紧紧地压成一张纸，然后再被打磨光滑。

植物学之父

泰奥弗拉斯托斯生活在约公元前 371 年到约公元前 287 年古希腊莱斯博斯岛上的艾雷索斯。尽管他并没有很多著作流传至今，但这位古希腊哲学家却是一名十分多产的作家。《植物志》和《植物之生成》是泰奥弗拉斯托斯两本仍存于现世的著作，为他赢得了"植物学之父"的美名。泰奥弗拉斯托斯大约于公元前 287 年辞世。他曾写道："就在我们真正开始理解生活的意义的时候，也是我们要死去的时候。"

毛地黄
Digitalis purpurea

原产地：西欧
类型：两年生植物，开紫色或白色花朵
高度：可长至 6.5 英尺（约 2 米）

○ 食用价值
◉ **药用价值**
○ 商业价值
○ 实用价值

18 世纪时，一名医生发现毛地黄是一种重要的药用植物。这个发现给全世界带来了最珍贵的心脏疾病药物之一。在长达几个世纪的时间里，这种有毒植物的神秘治愈能力一直被民间引为传说。但在一个严重排斥巫术的时代，承认这一点却并不明智。

水肿病与维泽林

在英格兰伯明翰一座教堂的墙上挂着一块奇怪的纪念碑。碑上装饰着毛地黄石雕，碑文则记录了当地一位医生——终年 58 岁的维尔·维泽林——的一生。维泽林出生于 1741 年，与水肿病和肺结核这两种疾病搏斗了将近 40 年。他通过"发明"毛地黄击败了水肿病。然而，他却并未能战胜肺结核，于 1799 年因此病而丧生。一名水肿病的病人因为服用草药医生制造的药剂而痊愈。而见到了这名病人的维泽林则因此填补了医学与草药学之间的空白。当然，尽管如此，毛地黄实际上并不是由维泽林"发明"的，而是在他翻找药渣时发现的。他耗费十年光阴针对毛地黄所构成的药物进行了全面的临床试验，证明了毛地黄可以治疗水肿病。

水肿病曾一度如瘟疫一般肆虐世界各国。正是在这个时候，维泽林医生被查尔斯·达尔文的祖父——伊拉斯谟斯·达尔文——选派去了伯明翰综合医院。水肿病会令病人的身体极度水肿，有时甚至会令他们肺部浸满液体，导致其窒息，因自己的体液而溺毙。曾有医生尝试给病人服用泻药，令他们排出好几加仑液体。这种疗法有时可以奏效，据说牛津伯爵就曾被这样治过两三次，并在饮食方面搭配"水煮金丝雀配新鲜蛋黄浓汤"，同时，"在烹制他的食物时

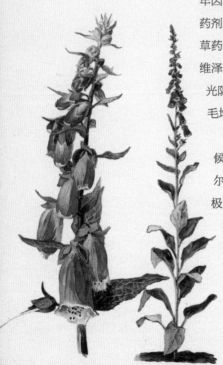

> 由于口感苦涩，毛地黄有刺激性，令人口渴，并因此有一定的净化能力。不过，这种植物并没有任何用处，在医学当中也不占一席之地。
> ——《植物志》（1597），约翰·杰勒德著

加入大量大蒜和辣根"。这种疗法"得到了会完全成功的祝福"。然而大多数病人却仍然都回天乏力。

巫术之花

在维尔·维泽林以前，从没有任何思维正常的医生会考虑采用野生毛地黄来治疗疾病。草本医生约翰·杰勒德就看不上这种植物。要不是惧怕被扣上施行巫术的帽子，英国也许会有很多草本医生对他提出质疑。医生会从全局出发来考虑对病人的治疗，强调新鲜空气、运动、休息以及避免愉悦或焦虑情绪强烈起伏的作用。而众多家庭主妇们则是依赖口耳相传的知识来照顾病患。她们知道可以用艾草来杀死肠道寄生虫，也可以针对某些特定病症给出沙拉、肉汤和草药茶的配方。15世纪之前，由于医学著作都是采用拉丁语写成，而家庭主妇的性别决定了她们都是文盲，因此她们只能依赖传闻来扩充自己的医学知识。

随着越来越多拉丁文著作得到翻译，以及盗版书籍的传播，众多家庭主妇们学习到煎煮欧洲防风草的汤剂可以促进肠胃蠕动，利于排尿。而在托马斯·希尔所著的《园丁的迷宫》（1577）中，女性了解到了更多知识："防风草可以消除性病，促进尿液生成，缓和女性的暴躁情绪，还能够治疗忧郁，增加好血液，有利于排便，促进伤口愈合或者净化毒兽叮咬。它还可以促进溃疡愈合，在身上佩戴这种植物的根很有益处。"另外，尽管杰勒德反对使用毛地黄，但当时的女性还是了解到这是一种很有潜力和疗效的植物，既能置人于死地，也能救人以性命。小剂量的毛地黄可以改善某些病症，但如果病人肾功能有问题，导致身体无法排出这种药物，就会在其体内积累到足以致命的剂量。

莫德·格里夫在她的《现代草本植物》（1931）一书中称毛地黄不仅有利于心脏和肾脏疾病，而且可以治疗内出血、炎症、震颤性谵妄、癫痫、急性躁狂等疾病。她在书里还可以给园丁们加这么几点：毛地黄似乎可以保护生长在它周围的其他植物免生疾病，改善马铃薯与番茄的储存，而且剪下来的毛地黄鲜花还可以延长花瓶中其他共处的鲜花的寿命。

维尔·维泽林

这是一座英国植物学家的雕塑，它是以瑞典画家卡尔·弗雷德里克·冯·布雷达的画作为原型创作的。维泽林最早是从英国什罗普郡的一名草本医生那里了解到了毛地黄的作用。

毛地黄与狐狸手套

毛地黄的英文名称 Foxglove（意即狐狸手套）是起源于哪里呢？毛地黄的药用价值最早出现在民间传说里，因此 fox 也许是对 folk（民间）一词的误用。毛地黄又名小人儿手套、巫婆铃铛、狐狸铃铛、软尾巴花甚至顶针花。诗人兼文学评论家乔佛里·格里格森在自己1973年出版的《英国植物名称大词典》中提出，鉴于毛地黄通常生长在狐狸打过洞的地方，因此被称为"狐狸手套"是一件很自然的事情。

薯蓣科植物

Dioscorea spp.

原产地： 东南亚、太平洋岛屿、非洲及南美洲
类型： 多年生热带藤本攀缘植物
重量： 重量不等，龟甲龙可以重达 700 磅（约 318 公斤）

◎ 食用价值
◎ 药用价值
◎ 商业价值
◎ 实用价值

在太平洋岛屿、非洲、亚洲以及美洲生长着大约 600 种薯蓣科植物。这些可以食用的根茎植物在世界各地充当主食的历史十分悠久。然而，随着越来越多的地区，尤其是非洲，将它们作为一种食物来源，这在一定程度上导致了其他当地植物种植面积和消费量的剧烈下降。某些薯蓣科植物毒性很强，被人们拿来给箭头下毒。可能即便是黄药子这一非洲传统可食用薯蓣植物，我们也不可以尽情食用。

善恶并存

对于生活在潮湿与半潮湿的热带地区的一亿人来说，薯蓣一直是一种主食作物。它淀粉含量高，淡而无味，虽然蛋白质含量较低，但是却富含碳水化合物、各种矿物质及维生素。除此之外，它还含有有毒物质薯蓣碱。这种物质在蒸煮、烧烤、煎炸过程中会遭到破坏。在西非，人们将薯蓣削皮蒸煮后捣制成营养丰富的面团；在菲律宾，薯蓣则被制成糖果和果冻；而在圭亚那，这种植物又被制成啤酒卡拉。当食物短缺的时候，即使白薯莨与阿比西尼亚薯蓣这样有一定毒性的薯蓣类植物也会被拿来食用。由于薯蓣必须至少放置一个星期，其毒素含量才会下降到可以食用的水平，无辜的母鸡常常被喂食这些东西来确保其中的毒素含量不至于伤人。有些薯蓣根茎被用来制造杀虫剂，而在马来西亚，人们使用某些薯蓣来制作有毒鱼饵和毒箭有着悠久的历史。得益于其药用价值，这些植物被命名为 Dioscoreaceae，以纪念古罗马时期的希腊医生兼药理学家迪奥科里斯（Dioscorides），他在公元 1 世纪写出了《药物论》。今天，人们可以从薯蓣中提取出植物类固醇皂苷元。有的皂苷元可以被拿来制造避孕药和可的松，用来治疗哮喘和关节炎。

薯蓣自身并没有改变非洲之类地区的饮食发展史，但随着精加工食品的进口以及玉米、大豆等高蛋白质食品的流通，出现了一个非洲国家现在才意识到的问题——食物贫困。考虑到现在西方国家的肥胖和饮食相关疾病的现状，发达国家这一定义是有一些矛盾的。尽管如此，相对于发达国家来说，发展中国家仍然处于饥饿状态。这从一定程度上来说，是因为发达国家将其他国家的耕地当成了自己的菜园和花园。而事情之

所以会如此，是因为在这些地方，人力便宜，气候适宜，土地也基本不存在成本。但这些供养美洲、欧洲和亚洲的种植作物却会导致当地土壤贫瘠，引发污染和水资源枯竭。种植供应外国的作物所需的劳动力和土地导致很多家庭放弃种植和食用自己本地的食物，比如作用多样的豇豆、加拉巴果（一种葫芦）、木耳菜。尽管这类食物曾被人笑称是"穷娘们儿的活计，穷汉子的口粮"，但是它们却能够提供口感更好、营养和微量元素也更丰富的膳食。

全世界有大约 7000 多种可食用植物，但非洲很多家庭却最多以两种植物为生：小米之类的单一谷物以及薯蓣类的根茎蔬菜。人们食用此类食物的时候应该知道相关的健康风险。根据联合国儿童基金会的数据，2007 年，瑞士人的平均寿命为80 岁，而在尼日利亚，这个数字却下降到了 47 岁，远低于半个世纪之前。尽管从政局的动荡到地区性腐败再到内战，这种情况与很多因素有关，但传统食物品种以及种植和烹饪古老食物知识的缺失对此并无改善。富含碳水化合物但缺乏蛋白质的膳食被认为增加了关节炎和糖尿病之类疾病的患病率，使人们丧失了对蓝氏贾第鞭毛虫的毁灭性感染力的自然免疫力。

重量级选手

龟甲龙也是一种薯蓣科植物，因成株后表皮龟裂，类似龟甲而得名。

薯蓣名称大观

在印度，薯蓣被称为Aloo，来源于梵语的âlu，指的是任何具备营养可以食用的根茎。不过在世界上，人们大都知道它们的英文名 Yam。这是为什么呢？传说在西班牙曾有几个奴隶被人看到挖植物块茎做晚饭。人们问他们在吃什么，但他们却错误地用几内亚语回答成了在吃饭（nyami，即吃的动词形式）。在西班牙，这个词演变成了 ñame；在葡萄牙，它变成了 inhame；而在法国，这个词又演化成了 igname。作为一种更严重的变体，yam 一词指的是土著人挖来吃的任何植物根茎。在美国，这个词还指跟薯蓣类植物没有任何联系的红薯，进一步加剧了 yam 这个概念的混乱程度。

曾几何时，人类食用的植物至少有 3000 种，而如今，喂养了全世界大部分人口的植物种类只剩下大约 20 种。
——《种植食物：食品生产指南》（2006），托尼·维驰著

小豆蔻

Elettaria cardamomum

原产地：印度
类型：多年生植物，形如藤条，叶如矛状
高度：2英尺（约60厘米）

○食用价值
○药用价值
○商业价值
○实用价值

小豆蔻大概可以算是印度菜的必要配料之一，不过对于今天厨房的调料盒来说，它又常常被忽略。然而，小豆蔻却是香气最丰富，也是最有异域风味的香料之一，并且曾被人称为"香料女皇"，以区别于"香料之王"黑胡椒。

精神食粮

在维多利亚时代，加尔各答大主教曾在他的赞美诗中暗示，天堂只会被文明之手所污染。实际上，这是对当地人所实施的偶像崇拜现象的苛评："天父丰盛的恩德，纵然广施人间；世人仍旧是蒙昧，反去敬拜偶像。"虽说如此，这位主教却无疑享用到了印度和锡兰最好的香料之一——小豆蔻。小豆蔻是印式腌菜、咖喱和甜点当中的一种常见配料，并且也被用在芬兰甜面包、中东咖啡（当地人认为小豆蔻可以消除咖啡中的毒素）以及古希腊和古罗马人调制的香水当中。尽管小豆蔻在历史上并不是无处不在，但它仍然被冠以"香料女皇"的美誉。这种说法起源于它的发源地——印度。在印度南部地区，野生小豆蔻生长在与其同名的豆蔻山丘以及喀拉拉邦西高止山脉的季风性雨林当中，对当地的经济发挥着不可或缺的作用。籽实较小的所谓真小豆蔻被称为绿豆蔻，与籽实较大的小豆蔻相对。

人们在采摘小豆蔻时是十分仔细的。小豆蔻与姜同属姜科植物。在种植当中，这些植物或采用种子种植，或从母本身上分离而来。生长到第二或第三年，小豆蔻就会结出里面长满了种子的小果荚。种子在里面待得越久，小豆蔻的辣味就保持得

天堂椒

绿豆蔻也被称为马拉巴豆蔻，被一些人认为是一种优于其他品种的小豆蔻。非洲豆蔻是马拉巴豆蔻的近亲，多种植在非洲西海岸。这种豆蔻籽实，口感辛辣，色彩从红到橘，十分多姿。自13世纪起，非洲到欧洲之间就出现了这些豆蔻的贸易活动，它们常常被拿来添加到啤酒里提高酒精度，或者给葡萄酒增添风味。

到处花木飘阵香，暖风滋花终年，风光秀丽堪夸美，惟人邪恶不堪！
——《要遍传福音》，1819 年加尔各答大主教雷金纳德·希伯作

越好，因此会在果荚成熟之前小心地将其切开，然后慢慢晾干，以保持其风味。最好的小豆蔻都去了宫廷。将小豆蔻作为礼物送人是一种风俗。这些小豆蔻都装在手工做成的银质或金质小桶里，主人手捧着将其交给客人，而后者则用食指和大拇指将其捏住来接受礼物。烟草传播到印度之后，银匠们开始给自己的纳瓦布长官送上用银叶子盖住的绿色小豆蔻，其中的银叶子蘸过添加了烟草的玫瑰水。对于印度古代传统阿育吠陀医学来说，小豆蔻是一种关键成分，被用来治疗支气管疾病和消化不良，尤其是奶制品不耐受导致的消化不良。传入地中海地区之后，古希腊和古罗马人借助这种香料来清新口气，制作香水。他们甚至还可能把它用在性生活当中，因为传说这种植物具有催情的作用。

天然良药
在南亚，人们拿小豆蔻的豆荚来治疗呼吸道感染和消化不良等很多疾病。

在中医当中，对于小豆蔻的记录最早出现在 1300 年前。到公元 1000 年时，阿拉伯商人已开始经陆路将这种香料运出中国。之后在 16 世纪时，其运输方式已转变为海运。探险家斐迪南·麦哲伦的"维多利亚号"是世界上第一艘完成环球航行的船。而麦哲伦的姐夫，葡萄牙旅行家杜阿尔特·巴博萨则在 1524 年对小豆蔻进行了描述。欧洲人喜欢小豆蔻的镇定和舒缓作用，而且由于它含有类似桉树精油的物质，药剂师处理消化不良疾病以及帮助孩子患有疝气的母亲时总是拿它当做首选药物。对于中世纪的医学来说，小豆蔻是一种不可或缺的东西。

小豆蔻的果实
小豆蔻的果实可以长到 2.5 厘米（1 英寸）长，里面包裹着黑色的种子。

小豆蔻起初只出产于印度和锡兰，直到 19 世纪英国农民在海外的咖啡种植园当中将小豆蔻作为第二作物种植，这种情形才有所改观。认识到小豆蔻的优点之后，西方科学家在小豆蔻的分类定义方面颇费功夫。有一段时间，小豆蔻的拉丁名称为 Matonia。该命名来自于伦敦林奈协会的创立者詹姆斯·史密斯爵士，为的是纪念威廉姆·梅顿博士，他对小豆蔻进行了孜孜不倦的研究。1811 年，小豆蔻被重新分类为 Elettaria cardamomum，即小豆蔻。

古柯
Erythroxylum coca

原产地: 安第斯山脉
类型: 生长于阴凉的灌木类
高度: 高达6英尺（约1.8米）

◎食用价值
◎药用价值
◎商业价值
◎实用价值

选择性成瘾

古柯碱和海洛因类的毒品可以在大脑中释放多巴胺，因而会使人产生冲动。多巴胺这种物质能使人在短时间内感到愉悦。人可以通过进食和性行为释放这种物质，甚至连服用古柯碱这样的药物的预期也可以令人释放多巴胺。对于毒品成瘾者来说，他们会强烈地渴望能够获得满足，甚至愿意付出一切代价来得到这种满足。但是这种"多巴胺成瘾论"尚不能解释为什么不是所有人都会成瘾。

在南美洲，人们使用古柯叶的历史长达数千年，而且这期间没有任何不良作用。但当它们被拿来对付印第安人时，问题出现了。对于社会名流、世界知名的精神科医师，甚至是全球最大的饮料公司来说，当人类掌握了从古柯叶中提取古柯碱的方法时，一切都发生了天翻地覆的变化。

令人愉悦的元素

在南美洲安第斯山脉，古柯舒展着自己淡绿色的叶子，这里人采摘古柯叶的历史至少已有2000多年。个中原因在于，古柯与生长在它周围的树木不同，它是世界上价值最高的经济作物之一。在西方国家，古柯叶的产物大都被判为违禁物质。但这种植物却给其产地的人们带来了收入。

古柯叶会在咀嚼它的人身上产生一种极为特别的效果。吃下十分钟之后，这些人会感觉十分愉悦，精力充沛，随时随地无所不能。他们心中充满了幸福感，压抑的感觉也消失殆尽，仿佛沉醉在快乐之中。古柯确实会令人沉醉，因为它的叶子当中含有多种生物碱，消化吸收后会提高大脑中的多巴胺水平。16世纪，西班牙征服者遭遇了十分推崇古柯叶的南美洲印第安人。与此同时，他们也首次发现了古柯叶的这种效力。当时的他们即将征服这些南美洲土著居民。维也纳精神病学家西格蒙德·弗洛伊德进一步注意到了古柯叶的效用。弗洛伊德本人也服食古柯叶。不过在目睹一名同事兼医生同行因过量服食而死于抑郁之后，他终止了自己的这种行为。为了降低成本，提高产量，奴隶主曾让奴隶服食古柯叶。第二次世界大战期间，德国纳粹空军指挥官赫尔曼·戈林为了摆脱自己臃肿的身材也曾借助古柯叶来减肥，但却未能如愿。可口可乐的发明人在可口可乐早期的配方中就曾加入古柯叶。而针对20世纪90年代早期纽约谋杀案被害人的一项研究发现，其中有31%的受害人体内含有古柯碱成分。

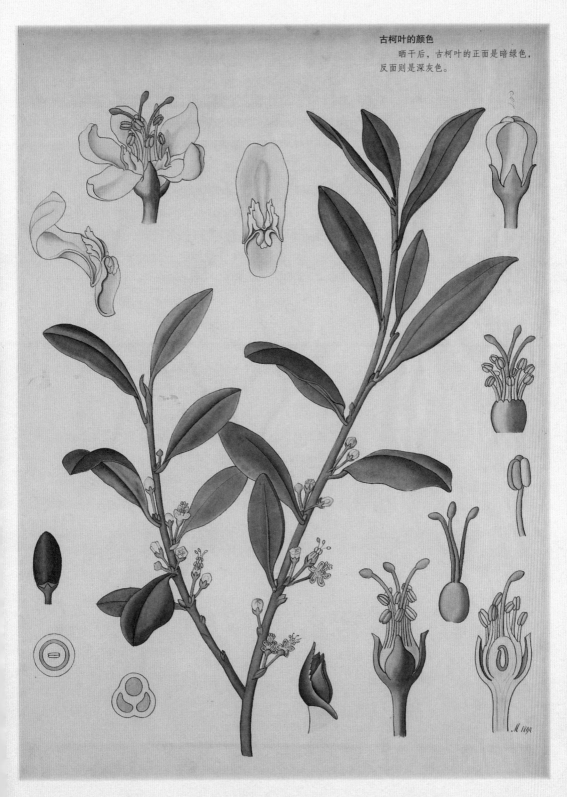

古柯叶的颜色

晒干后，古柯叶的正面是暗绿色，反面则是深灰色。

那么这些树叶到底有什么奇特之处呢？对于印加人来说，古柯叶简直就是他们那个时代的超级神药。库斯科是一座建在海拔12000英尺（约3600米）处的城市，也是印加帝国的中心。在这里，咀嚼古柯叶的作用类似于在高山上使用氧气罐，使得恰斯吉斯信使可以在一个旁人都喘不过气来的海拔高度上工作。通常，恰斯吉斯信使身上都会带着自己宝贵的驼马绒口袋，袋子中装着的便是古柯叶。不过古柯叶大多被用到了宗教仪式和医疗活动当中（古柯叶是一种很强的麻醉剂）。西班牙人侵入印加帝国后，传教士也来到这里，这种情况也随之发生了改变。16世纪后期，天主教会几乎给安第斯山区的每一个殖民地都指派了一名教区司铎。这些传教士也凭着自己对宗教信仰的热情，摆脱了对古柯叶的依赖。然而，这一切却毁于另一群西班牙人之手，这就是银矿奴隶主。在17世纪，拉丁美洲是唯一稳定的白银产地。西班牙人残酷地压迫当地印第安人去银矿开采白银。在玻利维亚的波托西便有这样一个银矿。19世纪时，曾有某些废奴主义者认为，让小孩子去打扫堵塞的烟囱对于穷苦人家来说算得上是一种可以接受的职业。而拉丁美洲这些银矿的工作条件连这样的废奴主义者都会感到可耻。那些土著男人、妇女和儿童之所以会在这些银矿工作，从一定程度上来说也是因为西班牙人给他们古柯叶吃。除了恰斯吉斯信使，印第安劳动人民在这之前很少食用古柯叶，而在当时，他们却成了这种叶子的奴隶。据估计，截至17世纪20年代，有超过50万矿工在银矿当中丧生。然而，白银的出产量却实现了提高，有的年份甚至提高了50%。

泥足深陷

时间来到19世纪，美国南方蓄奴州的奴隶主们毫无悬念地也将古柯叶加到了给自己奴隶吃的那糟糕的饭食中。与此同时，古柯叶也开始侵入人们的日常生活，尤其是充斥着庸医的医学界。古柯叶曾经是，现在仍然是一

种药物成分。在两位科学家的努力下，它作为一种麻醉剂出现在了眼科、牙科以及其他形式的手术当中。这两人分别是德国化学家弗里德里希·贾德克以及医生阿尔伯特·尼曼。前者在 1855 年首度分离出了古柯叶中的活性生物碱，后者则在三年后将这种生物碱命名为古柯碱，并公布了自己改进后的提取工艺。很快，人们就发现摄取古柯碱对人有着非同寻常的效果。

到 20 世纪，古柯碱已经成为无数富裕而又生活节奏紧张的瘾君子的娱乐性药物。这其中最大的名人之一便是维也纳的一名年轻的神经病学家——西格蒙德·弗洛伊德。当时巴伐利亚军队进行了一个古柯碱实验，服用了这种药物的士兵饮食减少，但仍然能够完成正常的训练任务。弗洛伊德了解到这项实验之后，便开始有规律地服用这种药物，时间长达三年之久。据说他还给一部分病人开出了这种药的处方，直到一名同事因古柯碱丧生才停止这一切。很有可能正是在他的实验的激发下，好几种以古柯碱为主要成分的药物才得以问世。

20 世纪 60 年代，多家感冒药制造商发现自己的产品销量在夏季意外上涨。然而通常，销量增加出现在人们更容易感冒的冬季。原来，他们的成药当中含有合法剂量的麻醉剂成分，被想找新招数放纵自我的年轻人在夏季摇滚音乐节举行的时候拿来服用。20 世纪早期，药厂也曾发现过相似的潮流。当时，大量"医师推荐药物"被人从药店的货架上抢购一空。尽管有的在市场推广时则被当成催情药，但这些所谓"医师推荐药物"大部分都是用来治疗黏膜炎的，都是些令人兴奋的物质，含有奎宁和古柯碱的混合物。当时，维·马里亚尼提神酒风行各地，

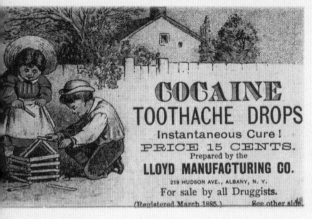

亚特兰大的一名药剂师约翰·彭伯顿也试图仿制出这种饮料。马里亚尼提神酒是由科西嘉人安吉洛·马里亚尼发明的，其中含有古柯叶的浸泡液，通过把古柯叶在品质优良的红酒之中浸泡六个月制成。这样制成的饮料十分受欢迎，促使彭伯顿仿制出了一款"法式红酒可乐"。亚特兰大实行禁酒令之后，彭伯顿又制造了一款不含酒精的替代性饮品，并将其命名为可口可乐。这款饮料含有很多配料，其中就包括古柯叶提取物以及源自可乐果的咖啡因。

止痛良药

古柯叶具有止痛效用，因而非处方类药物中会用到它。上图这种治疗牙痛的药物即是一例。

尽管彭伯顿的配方很成功，但他却并不善于营销。真正令这款饮料大放光彩的是另一名商人——阿萨·坎德勒。他接手了这款饮料及其名称，他所建立的公司将成为全世界最大的饮料公司，而可口可乐也将成为世界上最著名的商标之一。后来，他将公司卖出。1929 年，坎德勒逝世，留下了无数财富。可口可乐是第一款进入太空的软性饮料，其身影遍布全球 200 多个国家。现在，它的配方中已经取消了当初问世时所含有的镇静成分，不过它却含有一种事实证明更加令人难以抵挡的成分——蔗糖。

古柯与战争

任何植物提取的高纯度药物都会不可避免地带来问题，看看烟草、海洛因与酒精我们就知道这个结论不假。20 世纪早期，随着市面价格的下降，越来越多的人开始吸食古柯碱。颇具争议性的是，政府当局倾向于将古柯碱与海洛因联系在一起。虽然这两种物质都属于阿片类，但有证据显示古柯碱的成瘾率跟海洛因并不相同。尽管如此，在第二次世界大战之前，规律服食者的态度还是倾向谨慎。这在柏林表现尤为明显。这里在战前的时候，古柯碱的消费量与夜店巡演节目密不可分。"二战"期间，由于纳粹政府取缔了此类有伤风化的活动，像戈林这样服食古柯碱的高官也纷纷对自己的吸食行为秘而不宣。同时，在战时大量分发的安非他命也进一步导致了古柯碱市场的萎缩。

随着战争结束，安非他命不再唾手可得，社会也发生了巨

我们必须更好地来了解导致人们，尤其是年轻人使用麻醉毒品及危险药物的迷惘、幻灭与绝望情绪。
——1971 年，美国前总统理查德·尼克松有关毒品滥用的讲话

变。最重要的是，航空旅行使得走私变得更加简单易行。这些因素导致古柯碱市场再次产生爆炸性增长。很快，犯罪集团开始亲自参与古柯碱的生产与供应。美国与墨西哥之间的边界地区面对这种情况尤为脆弱。在此之前，吸毒者通常是借助吸管或者卷起来的纸币来吸食古柯碱粉末。尽管这样吸食古柯碱就能达到效果，但霹雳可卡因这种可以抽食的毒品的出现却突然将其潜在市场拓展到了那些刚把自己最后一毛钱花在古柯碱上的人身上。霹雳可卡因给古柯碱的历史打开了全新而又充满灾难的一页。这种毒品既便宜又容易买到，使得古柯碱在整个美洲成为仅次于印度大麻的最常用毒品。

要解决这个问题似乎很简单：对内治理古柯碱的滥用现象，对外则摧毁其生产源头。但西班牙人对于白银的贪婪却让南美洲印第安人付出代价的历史再度上演——面对一个更为富裕的国家所犯的错误，承担后果的却是南美人。按克出售的提纯古柯碱的价格不断波动。1985 年，前记者亨利·赫伯豪斯在《带来变革的种子》一书中估计，种植一公顷古柯可以产出约 33 磅（约 15 公斤）重的纯古柯碱，市值相当于 250 万美元。通常种植古柯的秘鲁人一年会采摘三次，但他们所获得的收益却只占其中非常小的一部分。尽管如此，这还是能让他们维持生计，而且咀嚼古柯叶也使人能够在饮食条件较差的情况下继续工作。然而，在 21 世纪初，作为美国针对哥伦比亚一揽子援助计划的一部分，哥伦比亚普图马约地区的"非法"作物古柯和罂粟被喷洒上了农药草甘膦和颗粒状的除草剂。一名支持者称这些农药的毒性还没有食盐高。但喷药活动还没开始，就有人发出了反对的声音。有的说给这些珍贵的雨林喷洒除草剂极其不负责任，不亚于越战期间美军为了断绝敌军食物供给跟庇护所而给亚洲雨林所喷洒的毒性枯叶剂。也有的说这种行为给热带雨林所造成的潜在破坏相当于"把泰姬陵给炸掉"。更令人担忧的是，据说给森林实行这种"熏蒸"不仅会毁掉完全合法的作物，连亚马孙流域自身丰富的生物多样性也不能幸免。后来，研究人员宣称飞机喷洒农药后当地并未出现任何不良作用，但似乎这小小的古柯叶仍然会带来无穷无尽的问题。

桉树
Eucalyptus spp.

原产地：澳大利亚

类型：低矮灌木与高大树木皆有

高度：30—180 英尺（约 9—55 米）

○食用价值
○药用价值
○商业价值
○实用价值

19 世纪时，铁路工人和园丁都非常喜爱澳大利亚的国树——桉树。在铁路沿线种植园里，枝繁叶茂的桉树给蒸汽机车提供了大量廉价的燃料。而作为一种观赏性树种，桉树也是一个极好的话题，这在美国加州尤甚。人们甚至传说桉树能够治疗疟疾。这也难怪桉树能够成为世界上种植范围最广泛的硬木树种。那么问题来了，为什么一个世纪之后，即便泰国和西班牙的桉树种植园远隔千里，抗议者也要把它们砍掉呢？

发现桉树的新大陆

当澳大利亚第一批定居者抵达这片世界上最小的大陆时，这里的海岸边生长着 700 多种不同的原生桉树。之后的一个多世纪里，为了得到这些树下那珍贵的土地来放牧自己的牛羊，这些殖民者用尽全力来砍伐或烧毁这些桉树。但对于乘坐着詹姆斯·库克船长驾驶的努力号三桅帆船的植物学家约瑟夫·班克斯来说，桉树却是一种令人愉快的事物。1770 年 5 月 1 日，库克船长绘制澳大利亚东海岸地区海图的同时，班克斯与瑞典植物学家丹尼尔·卡尔松·索兰德一起登陆澳大利亚。索兰德之前曾在瑞典的乌普萨拉大学师从林奈。他们两人登陆的地方后来被库克船长命名为"植物湾"。

班克斯上了岸，并怀着赞美的眼光看着这些高大而身姿优雅的桉树，它们银白

我们划呀划过湛蓝的水面，
如羽毛一般，
我们乘着桉树做成的独木舟，
漂浮在水面上。

——澳大利亚民歌

色的树皮奇特地向下剥落，披针形的树叶在微风中呢喃低语。不过，给桉树命名的并不是林奈，而是来自法国的园丁查尔斯·路易斯（1746—1800）。他根据桉树保护自己花朵的方式将其命名为 Eucalyptus，意即覆盖良好的。

班克斯、索兰德跟路易斯见到桉树都很兴奋。这是一种独特的植物，其生长速度和高度比他们之前见过的任何树木都要更快更高，而且桉树的叶子在揉搓之后会散发出一种奇特的药香。他们想必不会惊讶，只不过才过了两个多世纪之后的今天，那几株在澳大利亚采集的桉树已大量繁殖，覆盖了1亿英亩（约4000万公顷）的土地，几乎占到全世界热带人工林的40%。他们误以为自己在机缘巧合之下发现了世界上最奇妙的树木。不过没人会责怪他们的。

绿色黄金

桉树是世界上最高的阔叶树种之一，而生长在澳大利亚维多利亚州南部以及塔斯马尼亚州的杏仁桉则是全世界最高的树。这些庞然大物有的高达450英尺（约140米），但大多早在19世纪的时候就已被人伐倒，现在已然所剩无几。19世纪90年代，《卡塞尔家庭杂志》当中的"采集者"曾说："在政府的推动下，栓皮栎、冷杉、红柏等树木被种植到了那些被毁掉的树木原来生长的地方。这些被毁掉的树木大都没有商业价值，也不能用到建筑当中。"然而桉树很快就证明自己有着极为广泛的用途，因而这种思虑不周的观点迅速被人摒弃。

桉树皮中的树脂可以产生奇诺鞣酸，用于漱口水和咳嗽糖浆。它的树叶则可以提取精油，用于防腐剂、止痛药膏、利尿剂和消毒剂。桉树的挥发性精油则被人添加到维生素和香水当中，因为它可以促进人体对维生素 C 的吸收，并且还能产生一种浓烈的柠檬香。桉树的花朵是蜜蜂的美食，桉树蜜则是一种世界知名的蜂蜜产品，其花朵精油甚至被人拿来给薄荷香烟调味。将桉树的木材切成小块，加入化学物质煮制，乳化成纸浆就可以释放出其纤维素。人们发现这个加工方法之后，从内衣到防火制服，再到厕纸和硬纸板，桉树被人们应用到了生活的各个方面。它甚至还被用来印刷报纸。1956 年 5 月 27 日，巴西报纸《圣保罗州报》就完全是用桉树纤维印刷的。

植物大使

除了桉树，人们认为金合欢、含羞草以及山龙眼也是由约瑟夫·班克斯（1743—1820）介绍到西方的。

易燃的桉树

澳大利亚野生动物中的明珠——考拉熊——以桉树为生。每天晚上，一只考拉可以悄无声息地吃下重达2磅（约1公斤）的桉树叶。它们已经学会如何以这样一种极易着火的植物为食物来源。桉树极易沦为丛林火灾的受害者，但得益于以桉树的多种不同种子为生的收获蚁，它们会在火灾之后重新生长出来。桉树在燃烧时会落下比平时更多的种子。这些种子会被蚂蚁搬运到地下储存起来，然后从覆满灰的新鲜土壤中发芽生长。其他品种的桉树，比如小桉树，通过特殊的地下根系从火灾当中生存下来。这些根系会在大火之后重新萌芽，破土而出。

桉树之王

在植物学家费迪南·冯·穆勒男爵看来，价值最高的桉树便是塔斯马尼亚州的州树蓝桉。1884年，他在《桉树全图集——澳洲桉树图谱》一书当中宣称，蓝桉精油的用途和质量没有任何其他桉树能够匹敌。澳洲第一任总督亚瑟·菲利普曾给约瑟夫·班克斯送去一瓶桉叶精油。半个世纪之后，冯·穆勒开始对桉树的潜在益处大加宣扬和推广。冯·穆勒的骑士爵位得自英国国王。而为了表彰他对桉树研究所作出的贡献，符腾堡国王将他册封为男爵，从而使他获得贵族身份。冯·穆勒可谓是桉树最大的倡导者。正是在他的说服下，英国人约瑟夫·博西斯托才为自己的桉叶精油提取工艺申请了专利。后来，博西斯托开始在欧洲和美洲推广自己的产品，使博氏桉叶油成为一种家喻户晓的桉叶精油产品。

冯·穆勒还将桉树的种子送到了世界各地，如法国、印度、南非、拉丁美洲以及美国等。但这其中影响最大的是他送给墨尔本大主教 J. A. 古尔德的桉树种，或者至少看起来情况是这个样子的。要知道，桉树在当时被认为能够"治愈"疟疾。古尔德将自己收到的种子转赠给了罗马三泉隐修院一群正在与疟疾或者说"沼地热"斗争的法国特拉普修道士。这些僧侣一次又一次地拔掉灌木丛，排空沼泽中的水来种植桉树苗，试图让桉树在此落地生根。当他们最终成功让桉树成长起来的时候，可怕的疟疾也终于被消灭。但直到后来，人们才总结出来说，打败这种疾病的并不是桉树，而是沼泽的消失。这些特拉普修道士还充分利用了这些桉树，开始酿造并对外售卖桉树口味的利口酒。与此同时，人们也提出澳洲桉树有着数不清的益处。桉树的木材可以拿来建造房屋、手推车和桥梁，据说桉树能让因罹患坏疽或者性病而濒临死亡的人暂时减轻痛苦，还能净化被污染的空气。

这其中有的说法不无根据，使得桉树改变了美洲部分地区的树林景观。这是因为投资者十分自信能迅速获利，所以撒下了成千上万的桉树种。在南美洲，尤其是巴西，无数的桉树纷纷生长起来。在1941年逝世的农学家埃德蒙多·纳瓦罗·德·安

苏丹与桉树

天普苏丹是历史上印度南部卡纳塔克邦迈索尔土邦的统治者，也是一名园艺爱好者。1790年，他听说了桉树这种奇妙的树木之后，下令买来桉树的种子种在班加罗尔附近自己在南迪丘的官殿花园周围。还未等到这些桉树长成，这位苏丹就在1799年的时候因抗击英军的战斗而身亡。在新统治者的监督下，这里完成了新桉树的种植。英国人在印度马德拉斯的尼尔吉里丘陵和乌塔卡蒙德的避暑别墅中的种植园成功试种蓝桉之后，便继续种植这种树。但个中原因却并不是出于桉树的装饰价值，而更多的是为了填补当地海岸和森林日益减少的木柴供应。

德拉德的努力下，铁路两侧也出现了大型桉树种植园。20世纪中期，这个国家有1300万英亩（约530万公顷）的土地实现了森林再造，这其中甚至有过半的树木都是桉树。在印度这个与巴西纬度大体相同的国家，情况也是相似，桉

天然画布
彩虹桉树的树皮全年都会一块块地脱皮，露出下面淡绿色的新树皮。随着树皮慢慢老化，其色彩也会发生变化。

树种植园大范围扩张，以至于威胁到了本土树种的生存。人们对桉树的不断扩张感到越来越不安。反对者提出，食物贫瘠的桉树种植园给野生动物提供的环境远不及原生林。人们谴责说桉树会导致严重的土壤流失，而且作为大型乔木，它们会导致当地水资源被消耗殆尽。桉树种植园破坏了生物的多样性，而且它所逐渐带来的现金经济模式也破坏了传统的以物易物经济，这使人们将不满变成了直接的对抗活动。到20世纪90年代，尽管远隔千里，但曼谷、印度和西班牙的农民却纷纷损毁桉树苗，对这种单一作物栽培模式表示抗议。

桉树深刻地改变了我们的自然景观，同样也深远地影响了树木种植的历史，似乎它的发展已经达到了极限。然而，这种植物也许还能给未来做出贡献。当自己的森林植被被破坏之后，海地变成了世界上最贫穷的国家之一。埃塞俄比亚自从失去了自己95%的原生林之后，其国家经济也备受摧残。而在过去20年里，泰国有半数树木遭到了砍伐，因而也面临着严重的环境问题。桉树也许可以用来帮助此类国家迅速实现森林的再造。

蕨类植物

Phylum: filicinophyta

原产地： 已消失的盘古大陆
类型： 蕨类植物
高度： 最高 30 英尺（约 9 米）

◎ 食用价值
◎ 药用价值
◎ **商业价值**
◎ 实用价值

它们是这个世界上最古老的植物之一。死去后，它们的残躯变成了工业革命的动力之源，将美国从一片蛮荒之地变成了一个超级大国。在世界上最大的国家——中国，这些植物现在也在发挥着同样的作用。几乎可以肯定，全世界今天所面临的最大灾难就是气候变暖。而这同一种能源同时也是造成这场灾难的一个主因。

超级植物

400 万年前，人类祖先走上了与其他灵长类动物不同的进化道路，人类的历史自此发端。400 万年看起来很漫长吗？还是看一看陆生与附生在岩石和树木身上的蕨类植物的进化历史再下定论吧。蕨类植物诞生在令人不可思议的 3.35 亿年前。它们出现在寒武纪、奥陶纪、志留纪和泥盆纪之后的石炭纪，并且生存延续了 6000 万年。早在恐龙漫步于地球表面之前，陆地由一片超大陆，即盘古大陆组成。当时的赤道穿越了现在的格陵兰岛、纽芬兰以及英格兰北部地区。盘古大陆十分平坦，布满了沼泽，并且随着南半球冰川的反复消融和形成而频繁遭到大洪水的侵袭。在这个时期的末期，大型动物统治了这片大地，沼泽也被寻找泥浆的古代两栖动物所占领。它们蹒跚地拖着自己长达 15 英尺（约 4.6 米）的身躯穿行于软泥之中。而在 2.9 亿年后，人们也将发现它们所留下的腹部印迹以及脚印。蜻蜓舞动着 18 英寸（约 46 厘米）长的翅膀飞舞在 6 英尺（约 1.8 米）长的千足虫头顶，后者则在怪兽一般的巨树下爬行。这些巨型植物有鳞木、封印木和马尾草（木贼属植物）的祖先等，后者的高度可以达到 60 英尺（约 18 米）。尽管当时的蕨类植物可以长到 30 英尺（约 9 米）高，但人们今天还是一眼就能认出它们来。

它们羽毛一般的叶片以阳光为生，将太阳能封锁起来，直到自己死去变成肥料或者被其他动物吃掉。慢慢地，越来越多的蕨类植物被埋葬在泥泞的沼泽沉积物中。一开始，这些沉积物只是变成了一层海绵一般松软的泥炭层。千百万年后，这种泥炭层又被压缩成一种富含碳元素的地层，充满了一种压缩起来的黑色能量——煤。

起初，对于蕨类等植物储存在地球上的这种能量，人类利用的进程很缓慢。人们更习惯于开发地球表面，而不是往地层下面挖掘。尽管早在青铜时代就有一个威尔士部落学会了用煤点燃火葬的柴堆，但直到古罗马时代才出现了真正意义上的煤矿开采。

古罗马人一在北欧站稳脚跟，就开始利用煤炭等燃料给自己的浴池和地下暖坑供暖。古罗马帝国崩溃之后到中世纪开始之前将近 11 个世纪的时间里，英格兰的达拉谟郡以及东北部地区没有僧侣进行煤炭贸易。而到了 18 世纪，煤炭这种"黑金"的买卖已经成为一种大买卖。

1724 年，丹尼尔·迪福出版了《游览大不列颠全岛之旅》的第一卷，在书中感叹于英国港市纽卡斯尔"那些巨大的煤堆，我可以说每一座矿井下都是堆积如山的煤炭，而且这样的矿井不计其数"。随着煤炭工业在英国、德国、波兰以及比利时不断扩张，那些习惯于每日与火灾、洪灾或者窒息而死的事件相伴的乡村挖煤家庭也被当成了社会的弃儿。面对恶劣的工作条件，他们的隐忍和自尊令他们走到一起，成为一个与世疏离的群体。然而由于他们所面对的矿难发生得太过频繁，导致英国报纸《纽卡斯尔日报》在 1767 年的时候停止了对此类新闻的报道。巴巴拉·弗里兹在自己的《煤炭：一段人类史》一书中提到了这一点。该报的记者说："我们被要求不要再对这类事情做出特别的关注。"毫无疑问，这是为了让煤矿主满意。

全力以赴

第二千年中期，蕨类植物的遗迹开始让人们名利双收。这些人当中包括杰姆斯·瓦特和乔治·史蒂芬森。前者因在 18 世纪 80 年代改进蒸汽机而举世闻名，后者则制造出了最早的几

污染性燃料

随着全世界慢慢开始正视气候变暖的现实，人们做出了彻底关停燃煤发电厂的呼吁。

地方性抵抗气候变暖行动

随着世界大国开始举办以气候变暖为议题的会议，试图从政治领域制定出具有实际意义的解决办法，不同国家也开始尝试扭转气候变化的趋势。德国小镇弗赖堡就是一例。这里安装的屋顶太阳能板数量比英国全国的总量还高。与此同时，中国尽管建造的燃煤发电厂比全世界任何一个国家都要多，但它也安装了更多的低能耗系统。

台蒸汽机车。煤炭还令一些人小有名气，不过其中没有人会比拉姆福德伯爵更特别。1753 年，原本名叫本杰明·汤普森的拉姆福德伯爵出生在马萨诸塞州沃本的一个英国保皇党家庭。19 岁那年，他娶了一个比自己大了足足 20 岁的富婆，但却在四年后《独立宣言》即将公布的时候抛弃了这个女人逃到了英国。据说他是英国政府的间谍，深入参与了当地民兵组织的建立和管理。在英国，他凭借自己的科学研究（以及某些政治大人物的帮助），获得了骑士身份。后来，他又前往巴伐利亚，对那里的军队进行了改革，并给当地穷人建立了济贫院，因而被封为伯爵。不过几乎可以肯定的是，他在巴伐利亚宫廷期间，也在为英国充当间谍。他将自己的姓改为拉姆福德。这是新罕布什尔一个小镇的名称，也是他抛弃妻子的地方。改姓之后，他带着一项使命返回了英国，那就是帮世界摆脱不断往外冒烟的烟囱的困扰。

"烟囱冒烟所带来的麻烦众所周知，"他曾写道，并警

健康警告

美国独立战争结束前夕，英国物理学家本杰明·汤普森移居伦敦，并成为一名活动家，积极反对家用壁炉所产生的污染。

烟雾中的伦敦

被污染的空气所包围的伦敦，画面令人压抑。

告说，"身体一侧感受寒冷的气流，另一侧却遭受烟囱火的炙烤……对健康有着极大的危害。"他深信这对体质虚弱的人来说会带来致命的后果："在我自己看来，这个国家每年有数千人都是因这个原因而死。对此，我深信不疑。"拉姆福德伯爵设计出了一种不会产生烟尘的特殊壁炉。直至他去世一个多世纪之后的1814年，人们仍然能在市场上买到这种产品。尽管美国前总统富兰克林·罗斯福称赞他是美国历史上最伟大的人物之一，但他在很大程度上却成为现代家庭中一位被遗忘的英雄，其成就基本上仍然不被人所知。

伦敦特色大雾

在维多利亚时代，伦敦完全依赖煤炭来运转。冬天的时候，整座城市都被笼罩在一片混合着硫黄的浓烟下。查尔斯·狄更斯在其名著《荒凉山庄》（1852）中，将其称为"伦敦特色"。伦敦与巴黎和纽约这些首都城市最终通过空气清洁法规使碧空重现，但空气污染问题并没有消失。1969年，人类惊奇地看到了太空中所拍摄的地球的影像。尽管这个美丽的星球掩盖了一个随着时间流逝而愈加严重的问题，但它看起来仍然无比纯净，一片蔚蓝。平流臭氧层保护着地球免受来自太阳的有害紫外线的辐射，然而化石燃料燃烧和甲烷气体释放的综合效用却在破坏这个臭氧层。截至2000年，人类每年消耗的化石燃料需要蕨类植物和树木经历200万年才能形成。环保人士赫伯特·吉拉德特将这称为"一场毁灭地球的消费主义狂欢"。那些一个世纪之前支持人们在家中使用燃煤取暖的人，现在也发出了自己的声音，抗议破坏蕨类植物变成的化石燃料。有人倡议全世界各个国家都来结束它们对于地球的一次性开发，不要再从地下开采出煤炭烧掉，然后当成废物排出，而应该回到大自然循环的本质，为了子孙后代，将所有的排放变成投入，变废为宝。

> 煤炭是一种可转移的气候。它将热带的能量带到加拿大的拉布拉多与极圈。不论哪里需要它，它本身就是自己的运输工具。瓦特和史蒂芬森在人类的耳边低声传达了它们的秘密：半盎司的煤炭可以拉动两吨重的东西走一英里；铁路与轮船以煤炭为燃料来运输煤炭，令加拿大如加尔各答一般温暖，煤炭在带来舒适的同时，也带来了工业的力量。
>
> ——《生活的准则》（1860），拉尔夫·沃尔多·爱默生著

七代人的可持续发展

根据1987年联合国发布的《布伦特兰报告》，可持续发展指的是"既能满足当代人的需要，又不对后代人满足其需要的能力构成危害的发展"。但是，这其中的后代人是将来的哪一代？我们的孙辈？还是我们孙辈的孙辈？参考先前那些考虑过提前规划问题的文明的做法，环保人士吉拉迪提出这里的后代将是七代人。

大豆

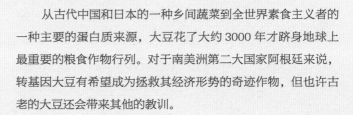

Glycine max

原产地： 东南亚，但古希腊
最早实现种植
类型： 一年生灌木类油籽植物
高度： 最高6.5英尺（约2米）

○ 食用价值
○ 药用价值
◉ 商业价值
○ 实用价值

从古代中国和日本的一种乡间蔬菜到全世界素食主义者的一种主要的蛋白质来源，大豆花了大约3000年才跻身地球上最重要的粮食作物行列。对于南美洲第二大国家阿根廷来说，转基因大豆有希望成为拯救其经济形势的奇迹作物，但也许古老的大豆还会带来其他的教训。

五谷之一

对于原产于中国的大豆来说，西方人赋予它的很多名称都非常有诗意，如"白鹤之子""巨珍"和"如花之眉"等。不过由于大豆还有着有助于消化的美誉，因此在西方也被人们戏称为"携风而来的白色精灵"，暴露了它会令人猛放臭屁的特点。尽管如此，至少从终结于公元前770年的西周时期起，人类就开始在中国和日本的大地上种植富含蛋白质和钙质的大豆了。作为一种历史悠久的豆类，大豆的起源可以追溯到3000多年前。从那以后，大豆作为中国古代五谷之一，与大米、小麦、大麦和小米一起一直被人们当成了一种肉类和奶类食品的替代品。

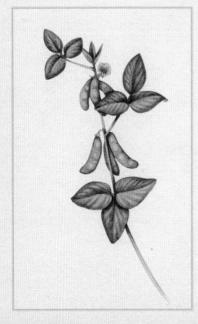

大豆可以长到6.5英尺（约2米）高，结出的豆荚跟它的叶子和茎相似，覆盖着一层细细的绒毛。大豆品种众多，超过1000多种。依据品种的不同，大豆的豆子本身有着彩虹一般绚烂的色彩。从白色、黄色、灰色和棕色到黑色和红色，不一而足。

在厨房中，这种万能蔬菜成为中国、日本、韩国和马来西亚大厨手中最重要的食材之一。不管是新鲜、发芽还是发酵过或者晒干了，大豆都可以用于烹饪。它们可以像日本菜煮青豆一样，跟豆荚等部位一起整个吃下，也可以在磨碎之后跟水混合，制成看起来如牛奶一般的豆奶。大豆还可以拿来炒制，然后去掉外皮，再磨成粉末，做成一种低筋粉和膨发冰淇淋等食品的

驱邪豆

　　这幅18世纪时的日本绘画展现了人们撒豆驱邪的场景。这项活动是日本每年一度的撒豆节的一大特色。

产品。发了芽的大豆能做成被上层社会斥之为"苦力饭"的菜，但在别人眼中，这却是一种富含维他命的健康沙拉。

　　早在园艺家确定大豆不是普通豆类，而应归类为油籽植物之前，"巨珍"和"如花之眉"等品种的大豆就已经开始助力工业发展了。豆油用途极为广泛，可用于油漆、塑料制品和化妆品的制造。早在1000年前，佛教徒就用豆腐烹制出了肉食的替代品。与此同时，日本人则种植大豆来制造酱油、不含牛奶的日本豆腐以及亚洲特有的咸味酱——味噌。其中酱油由蒸熟的大豆和炒制的小麦发酵后压榨而成。

被误导的传教士

　　18世纪，当荷兰传教士来到日本时，他们发现了酱油（Shoyu）的魅力。不过他们误以为这就是大豆的名称，于是当他们往欧洲寄送大豆样品时，就把大豆称为Shoyu或Soya。这些名字在西方沿用了下来。正是在这里，大豆拥有了成为一个小奇迹的可能。大豆无法承受霜冻，因而基本上没有对北欧的农业产生影响，不过它却在传播到美洲后大放异彩。大豆的含油量约为20%，蛋白质含量则为40%。从20世纪20年代开始，从面包、汉堡，到狗粮及婴儿食品，大豆开始大量出现在人们可能想象得到的任何加工食品当中。更重要的是，它将家畜转变成了肉类制造器。肉牛和机械化养鸡所用的大豆不断增加，在很大程度上迎合了工业世界对肉类的大量需求。

　　20世纪50年代，农业科学家开始解开众多植物的遗传密

豆子狂欢节

　　豆类跟小麦一样，营养丰富，是世界上最重要的作物之一，它们包括西班牙巧克力中使用的地中海稻子豆。最早，这种豆子也被金匠拿来当作克拉重量的标准。另外还有美国刀豆、热带扁豆、历史可以追溯到史前的蚕豆、菜豆和法式扁豆等。这些品种的豆类全都原产于南美洲。豆类身上已经形成了许多传说和传统。这其中就包括豆类大宴。这是第十二夜这天给农场工人举办的一个庆祝会。这期间，找到藏在第十二夜蛋糕中的那颗豆子的人将会被封为"豆子之王"。

我对豆类了解多少？或者豆类对我了解多少？我珍爱它们，为它们松土除草，我从早到晚地照管它们，这算是我每天的工作。

——《瓦尔登湖》（1854），亨利·大卫·梭罗著

码。植物的每个细胞中都包含了决定该植物将会如何生长和丰收的基因。掌握了这些遗传密码之后，科学家就可以修改其基因组成。转基因使得科学家可以将基因从一种植物转移到另一种植物。到 20 世纪 80 年代，人们已经开始繁殖转基因植物。根据遗传学家的说法，这将有望解决全球的饥饿问题。反对者则将转基因作物称为"科学怪人弗兰肯斯坦的食物"，说这种活动是"发了疯的农业科学"。尽管如此，人们还是在 1994 年的时候收获了第一种商业化的转基因作物——西红柿。截至 2005 年，玉米、棉花、油菜籽、南瓜、木瓜和大豆等转基因作物的种植已经扩展进了 21 世纪的世界各国，并集中在美国、巴西、加拿大和阿根廷四国。

转基因大豆的两面

1982 年，阿根廷派兵登上了小小的马尔维纳斯群岛，或曰福克兰群岛，试图重申对该群岛的主权要求。该事件史称马岛战争，占据了当时世界各地的报纸头条。这场灾难性的战役令 649 名阿根廷人送掉了性命。然而，它却并不是发生在阿根廷身上的第一场苦难。南美的巴塔哥尼亚是一片气候寒冷的牧羊草场，在它北面坐落着大片开阔的温带草原，被称为潘帕斯草原（Pampas，这在当地克丘亚语中是"平原"的意思），是全世界最丰沃的耕地之一。19 世纪时，世界上不断增长的牛肉和粮食需求永远地改变了潘帕斯草原。随着移民工人如潮水一般涌入这里，铁路穿越了潘帕斯草原，蒸汽机车拉着装满阿根廷出口肉制品的大型制冷箱奔跑在上面。截至 1914 年，该国人口从 19 世纪 50 年代的刚过 100 万增长到了 800 万。然而"一战"之后，经济的大萧条见证了肉制品出口量的大幅下跌。1964 年，当权的军政领导人被"人民的总统"胡安·多明戈·庇隆（伊娃·庇隆的丈夫，伊娃·庇隆又名埃维塔）所取代，只是

环境影响

南美数量不断增加的大豆种植园，尤其是这种增加给亚马孙雨林所带来的影响，引发了环境科学家的担忧。

这却并不足以平息肉制品危机所导致的经济衰退。20 世纪末时，阿根廷陷入了经济危机，走到了破产边缘，其货币也严重贬值。

转基因大豆则是一种有望拯救这个国家的经济作物。从 1997 年开始，潘帕斯草原有将近一半的面积，约合 2700 万英亩（约 1100 万公顷）的土地被用来种植转基因大豆。这立刻带来了积极影响——由于可以直接进行大豆条播，翻耕导致的水土流失停止了。截至 2002 年的五年内，估计大豆产量就增加了 75%。然而随着产量的提高，问题也开始凸显。以大豆为基础的农业综合企业挤压了小型农户的生存空间，导致农村失业人口增加。与此同时，大豆植物经过了基因改造来抵抗那些为了控制其他杂草而喷洒的除草剂，但这却带来了能够耐受传统除草剂的超级杂草，阻碍了大豆植物的生长。这种杂草要喷上不同的除草剂才能消灭掉。在阿根廷的邻国巴西，非转基因大豆产量之前一直比转基因的要更高，这里的农民也曾拒绝种植转基因大豆。但在 2002 年，他们最终被改变了观点（有说法说巴西的部分大豆已然与来自阿根廷边境内的转基因大豆产生了杂交）。由于全球对于大豆的需求没有任何减缓的迹象，环保人士也一直很关注大豆向巴西腹地的热带雨林和热带稀树草原扩张的动向。

与此同时，有的人则开始将目光转回大豆的第一故乡东方，以及日本农民雅信福冈毕生的研究。雅信福冈是一名土壤科学家，将大半生的时间都奉献给了实验室条件下的真菌培养。他相信，要想保护地球，农民需要更好地保护土壤。而要这么做，唯一的办法就是通过无耕作来辅助土壤实现自我保护。这就意味着不施堆肥或化学肥料，不用锄头或除草剂除草，也不依靠任何化学物质。当雅信福冈重新回到自己家位于四国岛上的一小片农田上工作时，他将自己这一理论付诸实践。他坚信只要严格遵守这些原则，终究有一天大豆会重新回到五谷的行列。

转基因作物

　　在美国，每年的大豆总产量中有高达 85% 为转基因大豆。自从第一代转基因作物种植以来，大豆已经过了大量改造，带来了营养含量更高等益处。

粮食危机应对之辩

　　一场全球性的粮食危机正在逼近。在亚洲，收入的增长刺激了肉类需求的增加，与当年实现工业化时期的欧洲和美国如出一辙。每生产 1 公斤牛肉就需要 7 公斤谷物，而 1 公斤禽肉则需要 3 公斤谷物。与此同时，种植这些谷物所需的土地却在不断耗尽。然而，人们对于如何避免这场食物危机却存在着很多争议。一方支持开辟大型农场，种植大豆之类的转基因作物；而另一方则认为解决之道在于开辟小型农场，更高的生物多样性，以及福冈之流的经验。

陆地棉

Gossypium hirsutum

原产地： 中国、印度、巴基斯坦、非洲和北美洲
类型： 一年生短茎植物
高度： 44—50 英寸（约 1.12—1.27 米）

○ 食用价值
○ 药用价值
◎ **商业价值**
○ 实用价值

揭开棉花改变历史的方式就如同拆开一条极白棉制成的裙子，仔细梳理其中各个组成部分。一旦将染料、棉线、纤维、棉种和棉桃分离开来，了不起的棉花就露出了其本质，它既是奴隶贸易中的一大支柱，也是美国内战中倒下的第一块多米诺骨牌，还是工业革命的催化剂。

从口香糖到炸药

相较于主要的竞争对手羊毛与亚麻，棉花含蓄、优雅而时尚，是尼龙迅速崛起之前的面料首选。然而，棉花的收获却比它的任何竞争对手给人类带来的苦难都多。家庭设计师也许对于布料是素色的还是条纹的，复古的还是现代的，绘图的还是空白的有争议，但是通常他们会认同这样一件事，那就是棉纺面料有着一种明显的现代感。然而，很奇怪的一点就是，早在3000多年前这种面料就诞生在了织布机上。野生棉花是一种长茎的多年生植物，但为了便于机器收割，人们便将商品棉作为一年生短茎植物来种植。棉属植物一共有39种不同种类的棉花，而最终主导了整个商品棉领域的则是其中的陆地棉，其棉花产量现在占到了世界棉花总产量的90%。

棉花是世界上最重要的非粮食作物之一。从绷带、尿布到平纹细布和纸张，几乎每一种以织物为基础的产品都要用到棉线。棉籽可以制成肥皂、人造黄油以及食用油。其棉绒纤维则能制成化妆品、肠衣、炸药、塑料。另外，冰激

你得跳下去，转过身，拿起一个棉包；
再跳下去，转过身，一个棉包就是一天。
——传统奴隶歌曲

凌、某些烟花的发射火药以及人行道上的"牛皮癣"之源——口香糖——当中全都含有来自于棉花的纤维素。然而，早在棉花大亨们发现棉花的工业用途之前，它的意义只有一个，那就是布料。

棉纺准备工作

要把任何一种植物变成织物都要先把它变成可以编织的细长条。从建造竹叶屋顶到制作剑麻地毯，都要遵循这个原则。制作丝绸时，我们要先挑开蚕茧，再从中抽出一根丝并到线里面去。在亚麻制作过程中，植株的收获不是通过收割，而是将其连根拔起。植株晾干之后，要进行沤麻，也就是将其泡在水中直至其中的植物物质腐烂得只剩下纤维。整个过程伴随着恶臭。然后在阳光下经过打麻、精梳、拈线和漂泊等程序，再将亚麻打湿，纺成纱或者甩干，最终将其制作成较重且耐磨的亚麻线。相比之下，把羊毛制成毛线就容易多了。先剪羊毛，然后清洗，经过粗梳之后再用纺纱机纺成一卷卷毛线。制作棉线的过程与此很相似，但是却要花费两倍的时间。

棉花能够开出黄色、奶油色或者玫瑰色的花朵，跟美丽的芙蓉花和农舍前的蜀葵是近亲。然而人们却很难将微微海风中农舍窗户上飘扬的窗帘与棉花生产过程中的那种疼痛而又艰辛的人工种植联系起来。可是，将闷热田野里的棉桃制成一卷一卷的窗帘布料却是一件极其辛劳的事情。

棉花花朵里的种子成熟后就会长出棉桃，也就是那种独特的毛茸茸的圆荚。这里面就是人们真正需要的棉花。这些棉桃要从棉花植株上摘下来装进背包里。1876 年，美国艺术家温斯洛·霍默在画作《采棉人》当中记录了这个过程。画中，两名美丽而又疲倦的黑奴在一片无边无际的棉田里跋涉，将采摘下来的棉桃装入袋子和篮子中。接下来步骤是轧棉，即将棉桃从钉板上拉过，把构成皮棉的棉绒细毛与包在里面的种子分开。这些皮棉将被制作成棉线。去掉所有的杂质后，皮棉要经过粗梳（精梳），来理顺这些棉纤维以备纺成棉线，再织成布。

当欧洲旧世界遇到了美洲新大陆，当葡萄牙与西班牙海军掌控了大西洋的信风，并驾驶船只登陆美洲大陆的时候，随之而来的植物交换在很多方面改变了历史。不过，在当时的大西洋两岸都已经有了棉花制成的布匹。即便像秘鲁和巴基斯坦这样远隔万里之遥的地方，也都出现了野生植物制成的棉布。据说，棉布的制造工艺是由巴基斯坦向东传播到中国、日本和韩国，向西传播至欧洲，并在 10 世纪的时候传到了西班牙。六个世纪以后当西班牙人赫南多·科尔特斯抵达墨西哥时，他发现当地的阿兹特克人早就发展起了自己的家庭棉花产业。尤卡坦半岛的印第安人曾经赠送给科尔特斯一件镀金的棉制长袍。然而就在这之后不久，科尔特斯的手下就开始屠杀这些印第安人。

魔鬼的作坊

这之后的两个多世纪里，棉花仍然是一种相对较为昂贵的事物。18 世纪时，闲暇时间较多而且追求时尚的欧洲女性无不梦想有一条棉织印度礼服 。当时，这种衣服都要花费巨资从印度购买，很少有人能消费得起这种奢侈品。然而只过了不到一个世纪，棉花价格就一路跳水，棉制商品的生产也犹如上足了发条。家庭棉纺织手工业实现了工业化，并且随着英国成为一个主要的棉布制造国家，大批量生产在诗人威廉·布莱克口中的"黑暗魔鬼的作坊"

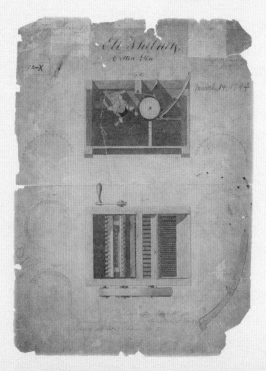

工业领袖

1794 年，美国工程师伊莱·惠特尼 Jr. 申报了这种轧棉机的专利。他的这一发明使他成功跻身工业革命时期最重要的发明家行列。

涌现，加工着进口自印度、苏里满以及圭亚那的成千上万包棉花。然而，并不是所有人都欢迎工业化。理查德·阿克赖特是一名十分好胜的工业家，据说剽窃了很多人的创意。在早期的众多纺织厂中，有好几座都是他建立起来的，每一座都被称赞说实现了技术上的突破。纺织厂十分容易发生火灾，但这其中有很多都被归因于人为纵火。每一座新的纺织厂都预示着又要有一批家庭作坊纺织工要被赶到工厂中工作。来自英国东密德兰诺丁汉市的一名年轻学徒内德·卢德领导了对阿克赖特这一类工业家的有组织反抗。他们放火焚烧纺织厂，自称为卢德派，并且大范围破坏机器，将大木块投进正在运行中的机器里，造成了巨大的破坏。

　　然而这一切都是徒劳的。在 18 世纪 60 年代，另一名英国人詹姆斯·哈格里夫斯带来了一款非常有独创性的精纺机。这台机器只需一个人就可以操作，但却能同时纺出好几根线。这个十年尚未终结，阿克赖特就推出了自己改进后的水力纺纱机——珍妮机。在接下来的十年里，塞缪尔·克朗普顿将自己的走锭纺纱机公布于世。这款机器可以同时纺出 1000 根线。而在同时代的美国，伊莱·惠特尼则取得了一款轧棉机的专利。这款机器大大减少了脱离棉籽所需的人力。棉花种植倾泻出的巨额利润大大促进了工业革命，并在棉花财富的基础上促进了伦敦股票交易所的建立。

棉都曼彻斯特

　　该图是 1913 年英国曼彻斯特麦康纳尔纺织公司纺织厂的一幅水彩画。得益于这里星罗棋布的纺织厂，曼彻斯特赢得了"棉都"的称号。

棉花之歌

　　把梭子摇起来，把梭子摇起来；

　　拉呀，拉呀；

　　拍拍手。

　　在后工业时代的幼儿园里，孩子们仍然传唱着这样的拍手歌，提醒着人们不列颠身处工业时代时那些遥远的日子。而来自大西洋彼岸的那些同类歌曲则随着《棉铃象甲》之类爵士乐和布鲁斯音乐歌曲的出现，给 20 世纪和 21 世纪的流行音乐带来了更为广泛的影响。

与此同时，棉田开始涌现在美国的詹姆斯敦、弗吉尼亚以及巴哈马群岛的巴巴多斯跟埃克苏马上。随着人们对棉花的需求不断增加，棉花加工商发明的轧棉机的效率越来越高，棉田数量也不断增加。1784 年，美国棉农将一包，也是他们的第一包棉花运抵英格兰的利物浦港。可惜还不等港口当局争论完它的合法性，这包棉花就已经腐烂在默西河畔的大雨里。而到了1861 年的时候，美国每年都要经航运出口 400 多万包棉花。与此同时，棉花的大量种植严重损害了土壤质量。由于棉花的密集种植，乔治亚州的表层土壤受到了严重破坏，于是棉农开始向西扩张，进入路易斯安那州、阿肯色州、得克萨斯州，并在 19 世纪 80 年代向北达到了密西西比河流域。这片土地属于当地的土著印第安人，但是面对强势的棉花经济，他们没有任何希望能保住自己的土地，只能任由宰割，被剥夺土地，被迫流离失所，成为棉花发展史上的另一个悲剧性的统计数字。

奴隶贸易的崛起与没落

随着棉花成为美国最大的出口商品，蓄奴现象也呈现出爆发性增长。截至 1855 年，美国南方几乎有一半的人口都是非洲黑人奴隶。据估计，其中有 320 万人从事棉花、烟草和甘蔗的种植，成为一个并不稳固的经济金字塔当中的底层阶级。在他们上面是种植园的管理者和园主，再往上则是北美投资者和股东以及英国的银行家。他们往外贷款好让人购买更多的土地和奴隶。当金融危机到来时，只有最顶层的那些人才能全身而退。

一种新兴媒体引爆了公众的情绪。当这种媒体最终开始发声时，它开始抨击奴隶制，并且加速了金融危机的爆发。1855年，南方的棉花产量达到了将近20亿磅（约9亿公斤）。而在50年前，这个数字还只有1.04亿磅（约4700万公斤）。北方的工业州不再将全部原材料都出口到英国，而是开始越来越多地在当地加工这些原材料。南北之间的差异变成了产品制造（也就是工业与制造业）与使用奴隶进行产品种植之间的差异。南卡罗莱纳州参议员詹姆斯·亨利·哈蒙德在观察当时的经济时曾说过："棉花就是一国之主。"然而，倘若棉花真是一国之主，它的臣民，也就是这里的奴隶们，却正在它的脚下死去。

1861年4月，由于亚伯拉罕·林肯反对蓄奴制度，来自南方的联盟军向联邦军发起了进攻，挑起了美国内战，或者说南方联盟口中的"州际之战"。林肯向志愿者发出了召唤，但是他却在四年后被一个同情南方联盟的演员刺杀身亡。随着南方另外四个州加入由七个州组成的联盟一方，一场极为血腥而且波及范围甚广的大战拉开了序幕。美国自建国以来就系统地记录了自己的历史，还没有任何一个比美国更年轻的国家能如此详细地记录下自己的过去。在内战时期，美国的记者们详细记录了60万人的命运，而这些人将注定在这场战争中失去宝贵的生命。

尽管一开始"石墙"杰克逊这样的南方人取得了几场战斗的胜利，但是工业占优的北方却拥有更为先进的武器和技术。南方港口被封锁之后，棉花贸易受阻，随之而来的便是北方的胜利。1865年4月南方联盟指挥官罗伯特·李宣布投降时，宣布所有奴隶重获自由对于国会来说只是一小步，但这场战争却并不是一次经济上的胜利。棉花的生产转移到了世界其他国家和地区，比如中国和西非。这些国家和地区直到19世纪才开始种植棉花（西非也在后来成长为世界第四大棉花出口地区）。南方经济一片疮痍。尽管以前的奴隶已经获得了自由，可以耕种自己分得的一小片土地，但是他们还是太过贫困，种不了这些地。无需使用奴隶的农业机械化和化学农药终将拯救美国的棉花生产业，然而黑奴贸易带来的影响却永远都不会消失。

> 每当有新手，习惯于［摘棉花的］新手，第一次被送进田里，他会被狠狠地鞭打一顿，好让他一整天都用最快的速度摘棉花……片刻都不允许他们闲下来，直到天黑得什么都看不见为止。
>
> ——《为奴十二载》（1853），所罗门·诺萨普著

棉铃象甲虫

虽然棉花是一种天然纤维，但它身上却喷洒了比其他作物更多的化学物质。今天，棉花种植只占全球农业用地的不到3%，但却大约消耗了全球杀虫剂的25%。这些杀虫剂控制住了世界上最昂贵的一种害虫——棉铃象甲虫。19世纪90年代，这种甲虫从墨西哥传入了美国的棉田，并在之后30年内蔓延当地。据估计，它每年造成的损失高达3亿美元。其中大部分的钱都被花到了购买强力杀虫剂身上。

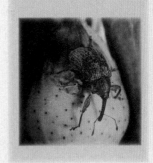

向日葵

Helianthus annuus

原产地： 美国西南部和中美洲
类型： 一年生植物
高度： 8—15英尺（约2.4—4.6米）

○ 食用价值
○ 药用价值
● 商业价值
○ 实用价值

向日葵的种植起源于北美印第安人，之后它被传播到了欧洲，并在俄国实现了杂交。在此之后，向日葵借由躲避苏联大清洗的门诺派教徒，在他们的种子袋里返回了美洲。向日葵是世界上不含胆固醇食用油最重要的来源之一，在它跻身这个行列的过程当中，法国一家救济院里的一位无名画家也创作了一系列有关于它的画作，永远地改变了艺术的世界。

斯大林的金色礼物

我们要感谢最早种植向日葵的美洲原住民。向日葵的种子是美洲西部印第安人最重要的季节性食物之一。在两三千年前，他们将葵花籽磨成粉，并把新鲜的葵花籽盘当作一种蔬菜来食用。霍皮印第安人以其色彩明艳的身体彩绘、纺织品和陶瓷品而闻名于世。他们掌握了从葵花籽中提取蓝色、黑色、紫色和红色染料的方法，还使用向日葵含有纤维的叶和茎编制成纺织品和篮子。印第安巫医发现了向日葵的药用价值，把它作为治疗刀伤和烧伤的药膏，甚至还拿它来治疗蛇虫咬伤。这样一来，向日葵能够成为阿兹特克人的祭品之一也就不足为奇了。

1510 年，向日葵种子被从美洲带到了西班牙，并在 17 世纪后期被传到俄国。彼得大帝是俄国 1682—1725 年期间的统治者，构建了当时正在崛起的俄罗斯帝国。25 岁的时候，他曾经游历德国、荷兰、英国和维也纳，收集了从造船业到农业的各种信息和理念。在他送回莫斯科的满满一车车样品中，人们认为正是他把向日葵种子加了进去。没过多久，俄国的农民们

就用牙齿嗑起了咸味儿的烤瓜子，开始榨取其中的植物油。俄国人又花了更久一点的时间——大约 80 年——才掌握了这种金色小礼物的完整商业价值。到 19 世纪，广袤的麦田里开始出现大片的向日葵花田，一个个花冠追随着太阳的东升西落。知道小小的向日葵是如何发展起来的吗？因为 20 世纪 30 年代起，苏联领导人约瑟夫·斯大林在改进向日葵品种方面投入了大量研究。在短短 20 年内，苏联人成功地培育出了直径长达 1 英尺（约 30 厘米）的巨型向日葵花盘，并且将葵花籽油的产量提高了 50%。虽然在 20 世纪末被阿根廷所赶超，但俄国仍然主导着全球葵花籽油的生产，与中、美两国并驾齐驱。

向日葵的花盘由两种小型花朵组成。其中外围是黄色（也有时是红色）的舌状花，内部则是密实的黑色盘心花，它会发育成针垫形，上面长满饱满的葵花籽。这些小小的花朵为有着 23000—32000 种不同物种的菊科植物家族增添了 50 多种向日葵花。尽管从鸟食到烘焙产品，向日葵的杆茎和卵形的叶子也有着不同用途，但吸收阳光，产出葵花籽油的则是它的头状花。葵花籽油可以用来制作人造黄油、沙拉酱、食用油甚至是香皂和清漆。

榨油剩下的油渣可以跟向日葵的茎一起用来喂养家畜，也可以将这些富含纤维的材料捣碎用来造纸。一名富有创造精神的发明家发现，向日葵杆茎的芯有着比软木更轻的比重，于是

向日葵谜团

在意大利语当中，向日葵被称为 Girasole（古意大利语为 Tornasole，法语则为 Tournesol），指的是这种植物趋光的动作，它会摆动头部，将其正对着太阳。Girasole 这个词可能源于对向日葵家族另一个成员的混淆，这就是洋姜（菊芋，Jerusalem artichoke，字面意思为耶路撒冷的菜蓟）。不过洋姜这种植物既不是来自中东，跟菜蓟也没有什么关系。它的根茎有着辛辣的口感，跟菜蓟很相似。在洋姜的原产地美洲，移民们学会了从土中刨出这些根茎来烹饪的方法。而"耶路撒冷"（Jerusalem）一词也许是 girasole 的变形。

现代艺术

《瓶中的15朵向日葵》（1888）是凡·高所绘的一系列以向日葵为主题的油画之一。

你也许知道牡丹属于让南，蜀葵属于科斯特，但向日葵是属于我的。

——文森特·凡·高1889年在一封信中如是说

拿它来制造救生圈和浮具。1912年泰坦尼克号在大西洋上沉没时，有幸逃生的少数人不仅要感谢自己的好运气，也得感谢向日葵。

天才与悲剧

泰坦尼克号沉入海底的24年前，就在向日葵在商业领域不断得到开发利用的同时，一名终生都在与抑郁症斗争的艺术家也在面对着一个插满向日葵的花瓶。他给自己的弟弟西奥写信说："我现在正以马赛人吃蒸鱼的热情拼命画画——当你听到我画的是一些向日葵的时候，相信你不会感到惊讶。"他计划用蓝色和黄色绘制十几幅画挂在法国南方城市阿尔勒的一栋黄房子里，那是他的朋友保罗·高更的家。在这些画作当中，文森特·凡·高采用厚涂法的风格，以浓重的笔触给花朵创造了一种立体的肌理，仿佛要从画布上绽放出来一般。凡·高在挣扎于一系列画作的创作时曾抱怨说："这些花儿凋谢得太快了，所以每天从太阳一出来，我就得开始画。"而这几幅画注定将跻身世界名画之列。凡·高有长期的抑郁症患病史。他在自杀前不久跟老朋友高更大吵一架，并在大街上拿着剃刀冲向了高更。高更没有动，盯着凡·高，直到他不敢对视，于是凡·高跑开了，还用这把剃刀伤害自己，割下了一部分左耳（另外一个版本说他们两人实际上打了一架，而凡·高则在打斗中受了伤。）

画家凡·高于1853年出生在荷兰的津德尔特。他的父亲是荷兰归正教会的牧师，而凡·高则是一名极为严肃的北方新教徒。凡·高曾想像叔叔那样开一家画廊，甚至还在1869年的时候开始在海牙的古皮画廊工作。1873年，他被调往伦敦，后来又被调到巴黎。可惜，他在1876年的时候丢了这份工作。后来，他还在英国做过助教，在荷兰的多德雷赫特当过店员，但这些工作他都没保住。直到他与包括亨利·德·图卢兹－劳特累克在内的一群巴黎艺术家开始交往，才找到了人生的方向，那就是献身于绘画事业。1885年，凡·高偶然见到了一些日本蚀刻版画。这其中的日式风格令他十分激动，并促使他如莫奈一般重新评价自己的作品，就像他在给西奥弟弟的另一封信中所说，放弃了所有那些"棕色调……沥青和赭黄颜料"。三年后，他出发去了法国南部的阿尔勒，并向西奥提问："对待在南方这件事，尽管这样花费更高，但想一想：我们喜欢日式绘画，感受到了它的影响，所有印象派画家都是这样。那么为什么不去日本，或者说跟日本一样的地方——南方——呢？"在他竭力捕捉心爱的向日葵的精髓的同时，搬到阳光明媚的南方令他在生命的最后几个夏天一扫忧郁。"我现在画到了第四幅向日葵。这是由十四朵向日葵组成的一大束花，给人一种独特的感觉。"但一到冬天，一切就似乎又都不对劲了。他在最后写给西奥的一封信中说："我一直有种自己是个要去哪里的旅人的感觉。在我职业生涯的终点，我将会发现自己走错了。那时，我会发现，不仅是艺术，剩下的一切也不过是空梦而已。"

7月27日，凡·高对着自己的胸膛开枪自杀。他爬回了家，并在两天后死在一堆向日葵油画旁边。一个多世纪之后，他的《瓶中的15朵向日葵》在伦敦由索斯比公司被拍卖，拍卖价格创造了当时的世界纪录，高达近4000万美元，超过之前任何现代派画家所创作的作品。

向日葵黄油酱

超市的货架上摆满了一堆堆的健康蔬菜黄油酱。这种东西是1869年由法国食品化学家希波吕兹·米格－莫利衰发明的。他根据珍珠的希腊语Margaron，将采用自己的工艺制造出的产品命名为珍珠酸，意即"油中珍珠"。除了向日葵黄油酱，还有大豆、棕榈油、菜籽、椰子、花生、橄榄、玉米以及棉花籽制成的黄油酱，这些产品均被称为天然植物黄油。不过，这些产品的颜色都是通过添加其他植物得来的，如胡萝卜、金盏花或者是美洲热带灌木胭脂树种子周围的果肉等。

经济作物

葵花籽油现在是世界上仅次于豆油、棕榈油和菜籽油的第四大食用油，阿根廷、俄罗斯与乌克兰则是葵花籽油的前三大产油国。

橡胶树

Hevea brasiliensis

原产地： 南美
类型： 雨林树木
高度： 高达140英尺（约43米）

◎食用价值
◎药用价值
◎**商业价值**
◎**实用价值**

20世纪70年代时，社会上开始流传有关一种恶性疾病的传闻，这种可怕的疾病就是艾滋病。从1981年到2003年，艾滋病在撒哈拉以南非洲地区夺去了大约2000万人的生命，并且使1200万儿童成为孤儿。仅2008年一年，艾滋病就导致140万人失去了生命。为了对抗艾滋病，健康专家将目光投向了曾被玛雅文化和阿兹特克文化所使用的一种材料——橡胶。随后，用于保护健康和避孕的橡胶避孕套在全球实现了使用量的迅速增长。

球赛

古代南美文明并没有橡胶避孕套，不过被他们称为"流泪树"的橡胶树却有着广泛的用途。人们会将来自于它的黏性混合物涂到脚掌上来保持皮肤干燥，免受真菌感染。玛雅人将这种奶白色的树液状物质收集起来做成一个紧实的大球，并围绕它创造出了一种比赛，用身体、头部或肩部来把球撞进或顶进一个石刻的环里。没有人知道美洲印第安人是在多久之前发现橡胶树的，不过16世纪初西班牙人抵达这里时，他们就已经在割开野生橡胶树的树皮，用晒干的葫芦壳来收集这种奶白色的树液了。印第安人会把一个软黏土做成的球固定到棍子的一端上，然后把球插进橡胶液里。他们在树液粘到黏土上之后对其进行缓慢加热，直到乳胶固化。然后，这个黏土做成的模具就被洗

我发现一种物质，它可以出色地将黑色铅笔留在纸上的痕迹擦掉。

——约瑟夫·普里斯特利博士（1733—1804）

掉，留下一个由生橡胶制成的中空球体。

生橡胶的词根 cahuchu 构成了大部分文化当中的乳胶一词，法语的生橡胶 Caoutchouc 即是一例。橡胶的英语单词 Rubber 则有着完全不同的语源。约瑟夫·普里斯特利博士学识渊博，他发现乳胶制成的小球在擦除铅笔在纸上留下的字迹时有着极为出色的表现，只要轻轻一擦（rubbing），就能如变魔术一般将石墨铅笔的痕迹去除。他对这种现象的描述被沿用了下来，橡胶在英语当中也就被人称为 Rubber。从 1770 年左右开始，市场上出现了天然橡胶做成的小方块，并被称为橡皮擦。不久之后，胶皮被作为一种防水织物推向市场。不过它却有一个缺点，那就是会随着受热而变软，而且还变得黏糊糊的，给人的感觉并不舒适，因此，这种防水布遭到了马车夫的抱怨。这时，苏格兰一位名叫查尔斯·麦金托什的公司职员，发明了一种由布料和橡胶制成的夹心式多层防水布料。在为自己的工艺取得专利后，麦金托什授权防水大衣使用自己的名字。他的这一发明使一代马车夫在雨中也可以享受干爽，令他们感激不已。麦金托什于 1843 年离世。

梅里曼先生的橡胶衣

非食用橡胶树或曰帕拉橡胶树的历史交织了众多像麦金托什这样乐于探索的人。查尔斯·玛丽·德·拉·康达迈恩便是其中一位，他于 1775 年撰写了第一份有关橡胶的论文。一次在秘鲁探险期间，康达迈恩因为跟同伴吵翻了脸而分道扬镳。由于缺乏返回法国的资金，他便展开了对亚马孙的第一次科学探索之旅，并在途中发现了金鸡纳树可以治疗疟疾，如何用带毒的箭来捕鱼，以及橡胶的用途。之后，他带着自己的发现返回了法国。

另外，还有两名美国人在无意之中发现了用硫黄、一氧化铅和加热处理生橡胶的方法。他们便是托马斯·汉考克和查尔斯·古德伊尔。橡胶和其他植物一样，会随着时间的流逝而腐败。但古德伊尔和汉考克发现了一种方法，可以将它变成一种更加柔韧而且持久耐用的材料。他们根据古罗马神话中火神乌尔肯（Vulcan）的名字将这种工艺命名为 Vulcanization，意即橡胶硫化。相传乌尔肯的铁砧位于西西里的埃特纳火山旁边，

橡胶的硫化

查尔斯·古德伊尔（和托马斯·汉考克）开发出了橡胶的硫化工艺。经过这种工艺的处理，天然橡胶变得更加有弹性，也更加持久耐用。

天然橡胶的采集

经过一种名叫采割的程序，可以收获橡胶树的橡胶树液。所谓采割，就是沿着一个螺旋向下的方向在橡胶树干上薄薄地切下一片树皮，使橡胶树液流出来。

橡胶与轮胎

1867年，人们首度将橡胶制成的坚固轮胎安装到汽车上，并行驶到了公共道路上。1888年，苏格兰一位名叫约翰·邓禄普的工程师取得了自行车轮胎的专利。从此以后，橡胶就与轮胎的历史紧密地联系在了一起。橡胶拥有独特的品质。它极为坚固，可以行驶和暴露在高海拔和温度低于零下的地区。飞行器用橡胶轮胎最高可翻新八次。法国轮胎巨头安德烈·米其林和他的弟弟爱德华开发出了可以用于轨道车辆的充气轮胎。

他就是在这里将炽热的生铁打造成型。橡胶的硫化引发了新一轮橡胶应用的热潮。就像一个世纪之后塑料行业所发生的那样，随着实业家们纷纷进入橡胶领域寻求财富，工厂、实验室以及陋巷中的小作坊如雨后春笋般大量涌现。1874年面世的《卡塞尔家庭杂志》就曾报道了这样的事件。美国的一位梅里曼先生发明了一件可以充满气的橡胶衣。这款"用于航海人员的救生衣……由保罗·博因顿船长在英国进行了展示。它主要由天然橡胶制成"，并配有一个小桨和一个可以拉着的包，包内装有可以支撑十天的给养。其中还包括一把斧头，"可以用来保护人员免受海中任何好奇或者凶猛的怪兽的袭击。在任何地方我们都不希望发生船只失事……但如果最坏的结果一定会发生，那么我们希望自己已经配备上了梅里曼先生那款全新的橡胶衣"。不过，真正引发了淘金热式的橡胶需求的并不是可充气式救生衣，而是20世纪的便利和诅咒之源——汽车。1903年，成千上万人涌向了在伦敦水晶宫举办的第一届国家汽车展，去欣赏那些闪闪发光的新车。这些车全都配备了天然橡胶制成的轮胎。

对橡胶这种白色黄金的狂热追求由此开始。巴西的农民们纷纷放弃了自己的自留地，改行割胶。可以轻松抵达的河畔所生长的橡胶树遭到了高强度的采割，而原住民则遭到了更恶劣的对待。在河岸边的种植园里，橡胶大亨就好像统治封地一般为所欲为，对一个没有管理的市场中的所有收益予取予夺。印第安原住民或遭奴役，或遭驱逐，甚或是谋杀。其中的女性被迫成为娼妓，而为了防止他们繁衍后代，男性则遭到了阉割。随着种植园中爆发了疾病的传言开始出现，对于新橡胶来源的探寻也发展出了人道主义的意义。

橡胶统治世界

至少有2000种不同植物可以产出类似橡胶的乳胶。在原苏联的科学家发明橡胶的替代物——氯丁橡胶——之前，蒲公英橡胶在这个国家一直是一种可靠的橡胶来源。橡胶的另一来源是马来半岛一种名叫印度榕的树。这种树从19世纪早期就得到了开发，但从它身上收割橡胶的难度较高。

当橡胶需求提升时，收胶人只是简单地通过砍倒更多的树

来满足这一需求。而随着天然供应源的萎缩，人们做出
了最后的努力来拯救，或者至少说是驯化橡胶树，并从
中受益。约瑟夫·胡克爵士是位于裘园的英国皇家
植物园园长。英国地理学家兼探险家克莱门茨·马
卡姆要求胡克派人去巴西带一些橡胶树的种子回来。

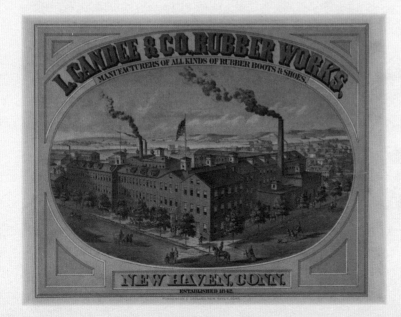

走私橡胶树

从巴西私运出来的
橡胶树种子在英国皇家
植物园裘园生根发芽。
由这些种子繁殖而来的
树苗被用来建起了亚洲
第一批三叶胶种植园。

正是他在早些时候安排人从美洲带回了金鸡纳树和可可树。然
而，事实表明，橡胶树并不是一个乐于成行的旅客，它们要么
死于运输途中，要么就是种子不发芽。亨利·威克姆是一名来
自英国的种植园主，居住在巴西一个有名的橡胶贸易城镇——
玛瑙斯。他在 1876 年获得了突破。威克姆喜欢给人一种自己
骗过了橡胶树的拥有者，通过一场秘密行动将橡胶树种子走私
出了巴西的印象。但是鉴于他成功出口了七万粒树种，还委托
了一艘船来运输这些种子，整个交易也许比他自己所说的情形
要更加直接。尽管这其中发芽的种子数量还不到 5%，但也足
够提供 3000 株橡胶树的树苗了。这是海外长出的首批橡胶树，
它们意味着橡胶树终于走出了自己的家乡。

来自裘园的橡胶树树苗被装进沃德箱里送到了位于锡兰
（今斯里兰卡）康堤附近的佩拉德尼亚皇家植物园。在这里，
有 2000 株树苗成活。它们还被送到了荷兰位于印尼爪哇岛和
新加坡的植物园。正是在新加坡，胡克在裘园一个名叫亨利·詹

橡胶植物

截至 1910 年，
路上行驶的汽车
数量已达到 250 万
辆。随着橡胶需求
的增长，实现橡胶
生产的工业化开始
成为一个至关重要
的问题。

橡胶树　97

收集废橡胶

　　"二战"期间，所有参战国均作出了方案，号召国民收集橡胶，争取战争的胜利。

拼车

　　这幅宣传节约橡胶的战时海报预言了现代人通过拼车通勤来应对全球变暖的努力。

姆斯·莫顿的下属掌握了不依赖种子进行橡胶树选育和繁殖的方法。在树上割胶会导致橡胶树寿命缩短，这是一个令人十分困扰的问题。莫顿的继任者亨利·尼古拉斯·里德利通过开发全新的割胶方法用进口三叶胶解决了这个问题。佩拉德尼亚的植物学家亨利·恩韦茨不仅给这里引进了金鸡纳树的树苗，也将橡胶树的树苗传遍了这个地区。现在，恩韦茨带来了树苗，里德利则解决了繁育的问题，该让种植户们自己尝试种植这种新作物了。

　　在当时，没有一个殖民地种植户在骑着马巡视咖啡种植园的时候能想象得到自己座下的马匹会被配备了橡胶轮胎的汽车所取代。但到 1910 年，行驶在道路上的轮胎数量已经达到了大约 250 万只。而这之后仅仅过了 80 年，这个数字就达到了 8.6 亿，全世界四分之三的橡胶产量都贡献给了轮胎的生产。橡胶被应用到了超音速飞机、烟花工厂的耐火花楼板以及避孕领域。橡胶具有良好的弹性和气密性，而且对于潮湿表面有着很高的摩擦阻力。它在两次世界大战中都发挥了非常巨大的作用，以至于那些缺乏橡胶资源的国家纷纷投入巨大的资源，从煤焦油到石化产品中来寻找它的替代品。"二战"期间，德国制造出了丁钠橡胶，而美国政府则号召国民将自己的橡胶捐献出来支持战争。一幅海报宣传道："美国需要你的废橡胶！"它指出一个防毒面具就需要 1.11 磅（约 0.5 公斤）的橡胶，而一架重型轰炸机需要的橡胶则高达 1825 磅（约 828 多公斤）。

　　当时间走到 20 世纪之交时，人们开始关注世界对原油的肆意消费。原油是橡胶替代品的主要来源，其短缺说明天然橡胶也许有着一个更为远大的未来。

　　20 世纪早期，一种真菌疾病在马来半岛和锡兰毁掉了大片咖啡树，令这里的种植园主失去了继续种植咖啡的信心。然而，他们当中还是有很多人很犹豫是否要开始种植一种全新的作物。亨利·尼古拉斯·里德利试着说服白人种植园主把自己的土地改种橡胶树，但却无功而返。然而，他却在一名华人种植园主陈齐贤这里获得了成功。1896 年，陈齐贤在马来亚半岛（今马来西亚的一部分）马六甲附近的武吉林当试种了 40 英亩（约 16 公顷）的橡胶树。在牺牲了原始森林和植物多样性的前提下，这些全新的种植园开启了马来亚半岛的橡胶产业。在陈齐贤的带领之下，其他种植园主纷纷效仿。全球的橡胶生产最终几乎全部从巴西转移到了东南亚。

在橡胶的传奇历史上还有一个插曲。橡胶树作为一种种植园作物取得了巨大的成功，看到这一点之后，巴西的种植者也开始尝试建立自己的橡胶树种植园。但每次他们的橡胶树都会感染上一种树叶真菌。这是一种巴西特有的地方病，但是在野外，它却从未达到人工种植园那样的严重程度。

福特之城

实业富豪有一种慈善传统，那就是建立社区来帮助工人和街坊，并最终给自己带来效益。约翰·卡德伯里通过建设伯恩村实现了这一点。爱尔兰贵格会教徒约翰·理查德森在北爱尔兰的拜斯布鲁克为自己的亚麻厂工人建起了理想之家。泰特斯·萨尔特则在英格兰北部建了一个村子，并将这个村子冠上了自己的名字，满足自己的虚荣心。

不过，福特之城的出现不仅是为了改善橡胶工人的境遇，而更多的是为了在英国人所擅长的领域击败他们。当时，美国有将近四分之三的橡胶都源于进口，而且欧洲人控制了远东的橡胶贸易，操纵了价格。因此，汽车巨头亨利·福特点头同意向巴西塔帕荷斯河谷上博阿维斯塔的一座新橡胶树种植园投资。他接手了 250 万英亩（约 100 万公顷）的土地，将其重新命名为福特之城，并用一座美式风格的小镇和大量橡胶树取代了这里的森林。这里的橡胶树足够满足每年生产 200 万辆车的需求。在下游 80 英里（约 130 公里）远的地方，还有一个相邻的项目名为贝尔塔拉。从 1928 年到 1945 年，福特公司给这两个项目倾注了 2000 万美元的资金。福特之城的人口有 7000 多人，其中还包括 2000 名工人。虽然他们并不接受强加给自己的美式生活方式（包括免费的美式饮食以及方块舞课程），但真正令亨利·福特的愿景破灭的却是树叶真菌病。这两处种植园最终都被废弃了。

大麦

Hordeum vulgare

原产地：全世界
类型：谷物
高度：3 英尺（约 1 米）

数千年来，大麦一直是农民的朋友。作为人类及牲畜最重要的一种粮食作物，大麦是一种关键的谷物。但披上威士忌的外衣，大麦同时也在这种烈酒的蒸馏当中充当了一种基本配料。在这方面，大麦的历史充满了波折。

大麦的崛起

早期的农业是一场独特的革命，远比尼尔·阿姆斯特朗在月球上踏出的第一步更具戏剧性，也远比车轮发明以来的任何技术进步都更有变革性。最早的农民集中在地中海东海岸下游到美索不达米亚（Mesopotamia，指的是幼发拉底河与底格里斯河之间肥沃的土地）之间土耳其到伊朗和伊拉克的一片区域。这里是文明真正的摇篮之一。

没有人确切地知道最早的农民到底是谁，也不知道他们是怎样开始种植大麦这一类作物的。无论是什么因素促使他们脱离游牧生活，开始收割野生小麦与大麦，并在之后开始有意识地在平整过的土地里播种，这些因素都使得定居群体可以成长起来，村庄得以建立，城镇亦得以繁荣。

在最早的人类古城当中，有一座位于土耳其的恰塔霍裕克，还有一座则坐落于巴勒斯坦的耶利哥。后者深陷于中东纷乱的战争区域之中。它们那坚固的外围城防设施显示，这些古城也许在古代也跟现在一样备受战争摧残。相比当时行经其周边的任何游牧部落来说，他们的一大优势就是以农业为基础，通过种植庄稼，碾磨作物为来年储存粮食。他们是否会因此而定期遭到围困呢？

在威士忌、淡啤酒，
或者任何烈酒之间，
痛饮一口，对于搅乱我们的想法，
它从未失败。
——《圣洁集市》（1785），罗伯特·彭斯著

大麦丰收

9000 多年以来，自从大麦第一次在中东实现人工种植，这样的景象一直没有发生什么太大的变化，然而在这期间，大麦的栽培已然传遍了全世界。

在伊拉克北部的耶莫遗址出土了可以追溯到公元前 7000 年的大麦粒遗迹，而这样的遗迹几乎在每个早期农田考古遗址都可以发现，因为它是一种基本的谷物，不仅可以供人食用，也可以喂饱饥饿的家畜。自然而然地，大麦的种植方法如潮水一般席卷亚欧大陆，并传到了北非。大麦和小麦一起延长了人类的平均寿命，使之超过了 40 岁。随着人类发展出食用谷物所需的磨牙和门牙对切式咬合，大麦甚至还改变了人类的脸型。对于古希腊和古罗马人来说，大麦作为一种面包粉的地位要比小麦高，这也就解释了为什么谷物女神克瑞斯头上戴的皇冠是用大麦而不是小麦编织而成的了。不过，由于大麦的谷蛋白含量较低，不能满足做大面包的要求，因而其地位最终还是被小麦所取代。大麦甚至还被人发现具有药用价值。在牙科当中有一种常见的局部麻醉剂就是用一种大麦生物碱合成的。

直至今日，烈酒对于麦芽工人的重要性仍然没有任何事物能够超越。制造麦芽首先要使大麦发芽，然后就要将发了芽的幼苗晒干。将由此得来的麦芽跟水混合，加入酵母进行酿造，然后小心地放入桶中就造出啤酒。它还能拿来制造威士忌。苏格兰小说家托拜厄斯·斯莫利特在他的《汉弗莱·克林克历险记》中曾写道："[苏格兰的]高地人拿威士忌来款待自己。这是一种跟荷兰杜松子酒一样烈的麦芽酒。他们会大口痛饮，一点醉意都不流露出来。"他还说这种酒"对于冬天御寒有着出色的表现。在山区，冬天可是很要命的。有人告诉我，这对小孩

最古老的职业

世界上第一栋建筑要么是神庙，要么就是农舍。鉴于人类对于食物和温暖的需求要高于宗教崇拜，农舍也许出现得要更早一些。虽然农民可能并不会自认从事着最古老的职业，但这样说并不为过。农民收割农作物，并因此塑造环境的历史已有 5000 多年。不过农田的英语单词 Farm 直到 17 世纪才得到广泛使用。它来源于拉丁语，指的是一笔固定支付的款项或租金，还指一片出租或转让的土地。

儿来说非常有效"。他说这段话的时候是 1771 年。就在两个世纪之后，苏格兰政府公布了本国在犯罪和疾病领域为威士忌所付出的代价——11.25 亿英镑（约 17 亿美元），相当于每个成年人要在它身上花费 900 英镑（约 1300 美元）。到底是什么出了错？这该怨大麦吗？

白兰地、朗姆酒、伏特加、杜松子酒和威士忌这五种主要白酒当中，威士忌是跟其原产地联系最紧密的一种。自 15 世纪开始，苏格兰威士忌的酿造用的一直是麦芽、泥炭熏制以及壶式蒸馏锅。威士忌以前主要被居住在英国北部的人当作一种药酒，英格兰人则更喜欢饮用杜松子酒。蒸馏技术是由穆斯林发明的。不过他们的目的并不是为了酿酒——这是被伊斯兰教义所禁止的——而是为了提取阿拉伯香水和精油。酒的英文 Alcohol 即来源于阿拉伯语 Kohl，指的是阿拉伯妇女画眼妆时所使用的粉。蒸馏技术被带到了欧洲，传到了北方跟西方的苏格兰和爱尔兰。很快，酒这种所谓的"生命之水"便诞生了，而且还出现了威士忌。然而，征服了苏格兰的英格兰人并不喜欢当地人对酿酒的喜爱。家酿酒被判为非法，被收税员销毁或者查封。这些收税员都带着那么一丝以公义自居的心态，不过这其中，他们更多的是为了收税，而不是拯救人们的灵魂。

那些该死的吸血鬼一般的收税员；
把威士忌当成自己的战利品；

举起你的手，魔鬼！一次，两次，三次！
在那，抓住那些浑蛋！
把它们烤成布伦斯塔讷的派；
送给那些遭了难的可怜酒徒；
送给那些遭了难的可怜酒徒。

——摘自《苏格兰酒》（1785）

苏格兰民族诗人罗伯特·彭斯留下了这样的描写。他跟那些酿酒的人一样痛恨这些收税员。当这些人跟收税员的对立形势紧张起来时，他们纷纷躲进了深山。

19 世纪 30 年代，苏格兰发生了约 700 起非法酿造威士忌案件。40 年后，这个数字下降到了个位数。与此同时，市场上出现了一种全新的蒸馏方法——连

抗议的标志——威士忌

诗人罗伯特·彭斯通过优美的诗歌表达了对消费税的愤怒之情，使苏格兰威士忌成为苏格兰人与南方伦敦政府之间政治斗争的标志。

续蒸馏法。古老而又传统的壶式蒸馏器仍然可以生产出十分独特的威士忌，带有自己独特的风味和性格。而连续蒸馏则是与其对应的自动化手段。它不仅能从粮食当中蒸馏出酒来，而且还可以持续地做到这一点。与传统麦芽威士忌混合之后，连续蒸馏做出来的酒与真正的威士忌没有什么区别。1909年英国皇家专门调查委员会

确定了纯正威士忌的定义。其中第一条就是单一麦芽威士忌，这种威士忌只使用大麦麦芽，经过两次过滤，而且只出产自苏格兰的一家酿酒厂。虽然如此，不管一个人有没有获得许可，他都可以用任何谷物制造出非常烈的威士忌来（平均酒精含量为40%）。

在美国历史上，其传统黑朗姆酒所使用的糖蜜来源于奴隶的劳作。然而自从来自英国和爱尔兰的移民开始用大麦和黑麦麦芽自行酿造和出售威士忌，美国人就放弃了这种传统的黑朗姆酒。此后，美国肯塔基州波旁县的酿酒厂开始制造纯玉米威士忌。这在宾夕法尼亚州受到了很多人的欢迎，这些人对本州征收的酒类消费税非常不满，避不交税。

黑麦威士忌仍然被源源不断地生产出来。不过当时最受欢迎的还是肯塔基州波旁县出产的酒。这些酒被装在美国橡树制成的全新酒桶里，酒桶内表面被烧焦以改善酒的风味（与此相反的是，苏格兰人更喜欢用装过其他酒的酒桶来装威士忌）。在相邻的田纳西州，人们制造的是酸麦芽威士忌。这种酒用来自上一批酒的酵母菌进行发酵，需要先将酒通过所谓"淳化"桶进行过滤，然后再灌入木桶中进行陈化。不过讽刺的是，该州法律是禁止售酒的，这也就意味着，你可以在这里酿酒，但却不准卖。

其他采用大麦酿造威士忌的国家包括加拿大、爱尔兰和日本。1923年，日本第一家威士忌酒厂开张，效法苏格兰，制造

美国威士忌

很快，田纳西州追随邻州肯塔基开始制造威士忌。尽管该州本身是禁止售卖酒的，但酒类批发商，比如华盛顿州这一位，给他们提供了一个很大的市场。

燕麦和黑麦

尽管燕麦和黑麦这两种谷物的驯化时间要晚于小麦和大麦，但它们在文明史上仍然扮演了一个具有重要意义的角色。燕麦与黑麦跟大多数驯化植物相似，都是得到了改良和种植的种子植物。燕麦不仅在气候较冷、湿度较高的地区（即使经过潮湿的短暂夏季，这种谷物也可以成熟）成为一种重要的谷物作物，而且还被拿来喂养两种推动农业革命的牲畜——马和牛。黑麦的历史较短，大概在不到2300年前实现了人工种植，不过它仍然是一种重要的面包原料。

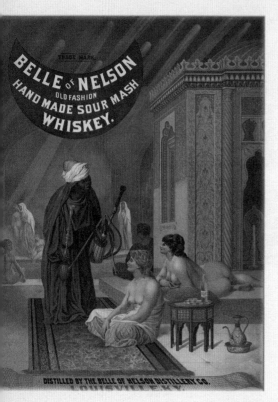

传统的单一麦芽威士忌，将大麦麦芽放在烧泥炭的窑炉中干燥，使大麦带有一种独特的烟熏味。加拿大为了利用其日益增加的谷物产量，于20世纪开始在安大略湖一带生产威士忌。他们也以大麦为原料，不过其中也添加了黑麦和玉米。

爱尔兰的威士忌制造历史跟苏格兰一样悠久。不过根据爱尔兰人自己的说法，他们的威士忌要比苏格兰更古老。他们相信，威士忌的蒸馏技术是由爱尔兰的传教士在欧洲黑暗时代从爱尔兰传播到包括法国在内的其他国家的。早期农户酿造的威士忌具有与众不同的地方特色，制造时除了大麦，还会就地取材，使用其他谷物。这些都是一些地方酒，只有当地人才能喝到。人们会在秋收后把这些酒恭恭敬敬地存起来，而且会像法国农民喝白兰地那样，每天经过适当的仪式之后，分别当成晚餐的开胃酒或者早晨的提神酒喝一点。用土豆做成的爱尔兰的传统酒类卜丁酒也是这样。尽管为了躲避收税员，有的酒是在移动的蒸馏器上造出来的，工艺和口感很粗糙，但大部分酿造卜丁酒的人却都是手艺人，对于自己的产品很自豪。不过卜丁酒的下场跟白兰地和威士忌这些地方酒相似，逐渐因其给人造成的危险和使人堕落的印象而遭到了谴责。19世纪，苏格兰的小型独立威士忌酿酒厂遭到了取缔。与此相似，卜丁酒最终之所以遭禁大概也是因为破坏地方创业精神和增加政府收入这两个原因。

禁酒

而用廉价的酒类毒害当地的原住民的行为则更应该受到谴责。在加拿大、美国和澳大利亚，当地土著遭到了美国人口中所谓"烈酒"的毒害。在17世纪的加拿大，一个名叫克雷蒂安·莱克拉克的神父强烈地谴责了"白兰地贸易令人悲伤的影响"，在自己的同伴之中导致了"淫亵、通奸、乱伦"等罪行。在北美，当地印第安人并没有制造烈酒的历史。于是，这里的皮草

引发关注

1883年左右，肯塔基州路易斯维尔市尼尔森美好酿酒厂的一幅广告。威士忌给人的不利影响引发了人们的关注，这是导致美国1920年开始禁酒的原因之一。

商人就拿劣质的法国白兰地跟他们交易。虽然加拿大跟美国政府都将这种贸易行为判为非法，但禁酒主义者20世纪早期在美国发起禁酒运动时，还是将它列到了自己的清单上。一个由乡村基要派新教教会、非常有影响力的女性议员游说团体以及美国医生组成的联盟宣称，威士忌使他们的孩子堕落，浪费了本可以拿来让饿肚子的人吃饱的粮食。更糟糕的是，这些酒是德国移民酿造的，而他们本可以作出更大的贡献。该联盟在1920年迫使美国国会通过了禁酒令。

相比这场席卷美国的社会实验，欧洲对小规模酿酒厂的压制简直不值一提。然而，这场实验却是一个彻底的错误。1933年，禁酒令遭到了废止，证明了威士忌——就如歌中所唱的那般，才是最强大的骑士。

胡桃色碗中的威士忌啊，

才是最强大的骑士；

少了这么一小口啊，

猎人既打不了猎，

也吹不响那号角；

少了这么一小口啊，

补锅匠就修不了那锅和盆。

温斯顿·丘吉尔是麦芽威士忌的忠实拥趸之一。他给英国粮食部下达了严格的指令："绝不准减少威士忌所需的大麦用量。这种东西需要好几年才能陈化完成，是价值极高的出口商品，能换回大量美元。"

在战争的历史上，当丘吉尔跟富兰克林·罗斯福总统为盟军进入欧洲进行筹划时，一杯威士忌与片刻的沉思也发挥了自己的作用。对于1944年开始对德占法国地区发动进攻的最终安排，他们两人之间曾经一度意见不一，气氛紧张。在战争最扣人心弦的时刻，盟军已经准备好穿越英吉利海峡，等待发动进攻的命令。德国人是否已经预料到了这场进攻？会使登陆艇陷入困境的恶劣天气会迫使进攻推迟吗？看起来，丘吉尔跟罗斯福总统在喝了一两杯威士忌，经过一番沉思之后，终于在第十一个小时达成了一致。进攻取得了成功，而剩下的一切，当然也就成为历史。

啤酒花
Humulus lupulus

原产地：北欧和中东
类型：多年生攀缘植物
高度：最高 6.5 英尺（约 2 米）

◎ 食用价值
◎ 药用价值
◎ 商业价值
◎ 实用价值

在乡村，啤酒的酿造师总是善于利用长在路旁的植物。旋果蚊子草和香杨梅可以用于麦芽酒的增香和保存。据说野果花楸的果实自古罗马时代开始就被人拿来酿制品质还说得过去的啤酒。现在在英国小酒馆的标志里，人们仍然能看到它的身影。人们对啤酒花优点的深入理解将麦芽酒转变成了啤酒，并在全世界掀起了一股喝啤酒的浪潮。

啤酒花与啤酒酿造

几个世纪以来，啤酒花一直被用于染色、造纸和制造绳索，并且还被用来治疗肺部消化疾病。然而在今天，高达 98% 的啤酒花被用在了啤酒的调味和保存上。啤酒花学名蛇麻，是印度大麻的近亲。它是一种攀缘植物，每当春天破土而出，它就会攀附在任何能支撑它的东西上迅速向上生长。啤酒花是一种雌雄异株植物，会长出独立的雌株与雄株。其中雌株会结出质地如树脂一般散发着麝香味的小花锥，收获晒干后可以用来酿造啤酒。

为了获取阳光，野生啤酒花会爬上篱笆或者覆盖灌木丛。但在啤酒花种植园，人们会将这种植物种在一大堆营养丰富的腐殖土上，土的上面架着由铁丝或者黄麻绳组成的线网，好沿着它对啤酒花进行修剪。铁丝都绑在高大的木桩上，使整个种植园看起来像是一个巨大的鸟笼子。这些木桩通常都是栗木制成，因为它含有一种天然的保鲜剂。啤酒花的种植一直会持续到秋季。尽管现在的啤酒花都是采用机器收割，但就在不远的过去，它们还是由外来工人以及城市当中的许多贫苦家庭手工

关于啤酒花：由于其自身的苦味，啤酒花可以防止酒类腐败。酒类加入啤酒花后，可以保存更长的时间。
——《神圣的物理》（1150），宾根的女修道院院长希尔德加德著

采摘的。采摘工人们非常享受一边打工一边度假，还有户外的
魅力，他们会在园中野营，住在棚屋、帐篷或者拖车里，并且
还享受计件工资。其中的男人会踩着高跷大步前行，剪下那些
够得着的成熟的藤蔓，他们的家人则在下面把啤酒花摘到帆布
大筐里。然后，这些啤酒花就被送到烘干室烘干，满满地装进
麻布袋，或者又叫啤酒花袋里，送到秋季啤酒花拍卖会上销售。
啤酒花拍卖时，拍卖大厅和周边街道上弥漫着啤酒花那令人陶
醉的香气。而这种味道，文明在"散装鲜啤酒"身上也能感受到。
这种啤酒通过传统方法酿制而成，要装到大桶里进行陈化。正
如英国散文家威廉·科贝特在其《农家经济生活指南》（1821）
当中所说："对于啤酒花，要考虑两个问题，一是其保存啤酒
的能力，二是它是否能给啤酒带来好的风味。"

从麦芽酒到啤酒

在酿造的最后阶段，当啤酒花被加入啤酒，酒中就会产生
啤酒花的风味。在前面的工序中也可以加入啤酒花。这样，这
种植物所含的天然葎草酮就被转化成了异葎草酮。这种化学物
质可以杀灭啤酒里的细菌，而且给它带来了独特的苦涩口感。

啤酒花的干燥

啤酒花收获后，必须在
干燥窑里烘干。在某些地区，
尤其是英格兰东南部，这些
干燥窑外形独特，被称为啤
酒花烤房。

麦芽酒与啤酒

在 21 世纪的今天，麦芽
酒跟啤酒是一回事。但在 12
世纪时，人们酿造麦芽酒的时
候是不加啤酒花的，只有在酿
啤酒的时候才会加。古罗马人
喝的是麦芽酒。这种酒与西班牙
的啤酒相似，也许起源于一种
凯尔特地区的麦芽酒，如威尔
士麦芽酒。

保鲜植物

在酿造麦芽酒的过程中加入啤酒花的雌花花团可以将麦芽酒变为啤酒，并且可以延长其保质期。

但为了给这种化学变态创造合适的条件，啤酒花要先在麦芽汁当中煮一个半小时左右。麦芽汁通过浸渍麦芽得来。虽然我们已无从得知到底是谁无意当中有了这个奇特的发现，但这个发现终结了麦芽酒时代，标志着啤酒时代拉开了序幕。

麦芽酒一词的英语 Ale 来源于盎格鲁撒克逊语当中的 Ealu，是北欧地区的一种日常饮品。它由麦芽（发芽后干燥的谷物）制成，其中加入旋果蚊草子、香杨梅等香料和药草进行保存和调味。麦芽酒在煮沸之后会被静置进行发酵，是一种相对来说比较安全的饮品，远比乡村水井所打出来的水要卫生得多。但麦芽酒还有一个很大的缺陷，那就是它的保存期限非常短，尤其在天气炎热的时候，麦芽酒很快就会变酸。采用啤酒花来将不好保存的麦芽酒转化成为易于保存的啤酒的方法起源于欧洲和中东地区。那里的人们知道它可以用来保鲜。埃及人将它发酵成为一种饮品。然而，不管是埃及人、苏美尔人（他们可是酿造麦芽酒的专家）、古希腊人还是古罗马人，都没有想到可以将啤酒花加到麦芽酒里面煮上一个半小时整。或者即使他们这么做了，但是也没有人想到要把这样的麦芽酒保存下来发现它已经焕然新生。

有的人猜测，中世纪时，那些酿造啤酒的无名英雄身穿朴素的束腰外衣，戴着兜帽在中欧某座修道院中默默劳作。这种猜测并不出格。基督教的先辈们都很热衷于酿酒。在瑞士，有一份可以追溯

醉人的黑啤酒

16 世纪之前，英格兰全国上下都喜欢喝黑啤酒。不过随着酿酒厂开始酿造更淡的啤酒，黑啤酒的受欢迎程度也开始下降。

到 9 世纪早期的修道院建设图纸。尽管这座修道院从未建成，但是其图纸却是最早的修道院图纸之一。这份图纸显示，这座修道院设计了三座厨房，每座厨房都配有自己的酿酒坊。公元736 年，在德国慕尼黑附近的维森本笃会修道院当中，首次出现了将啤酒花与啤酒联系在一起的书面记录。三个世纪以后，正当法国巴黎和英国牛津开始建立大学的时候，宾根的女修道院院长希尔德加德在自己大约完成于 1150 年的《神圣的物理》一书中提到了用啤酒花处理啤酒的有益之处。希尔德加德生于1098 年，逝于 1179 年。她还指出，如果酿造啤酒时手头没有啤酒花，还可以加一把白蜡树叶来保存啤酒。

在希尔德加德生活的时代，教会将啤酒酿造技艺变成了一种受人尊敬的行业。这一传统一直延续到了 21 世纪的今天，并带来了比利时跟荷兰的特拉普修士啤酒。尽管家庭中的女主人也能酿造啤酒，但大量销售的啤酒大多是修道院酿造的。麦芽商人从农民那里买入大麦，并将这些粮食发芽干燥，使其可以被修道院拿来放入糖化桶进行加工。僧侣们从这些麦芽商人那里买来麦芽之后，酿造出自己的一等啤酒、二等啤酒和三等啤酒。在中欧，经过啤酒花处理的啤酒很受欢迎，逐渐替代了未经啤酒花处理的麦芽酒，对啤酒花的需求也稳步提高。中欧，尤其

啤酒花大丰收

啤酒花种植起源于中世纪的修道院。随着经啤酒花调制过的啤酒的需求超过传统麦芽酒，现在，啤酒花的种植已经发展成为大规模的商业行为。

意外发现

在英语当中，形容一个人感觉啤酒喝多了，会说fuggled。这个单词原本指的是一种名为弗格勒的啤酒花，跟戈尔丁、林伍德之荣以及埃洛卡啤酒花相似，是啤酒酿造所使用的经典啤酒花之一。在 1902 年的一期《酿造者杂志》上，农业教授约翰·帕西瓦尔解释说："这种植物一开始不过是肯特郡霍兹芒敦村乔治·史黛西先生家的花园里自然生长出来的一株幼苗。之后，来自肯特郡布伦奇利村的理查德·法格斯先生在 1875 年左右将这种啤酒花公之于世。"在英国用来给啤酒调味和储存的啤酒当中，弗格勒啤酒花的份额占 90%。

麦芽酒，天呐，麦芽酒是为了，想起来就要难过的人才喝的东西。

——摘自《西罗普郡少年》（1896），阿尔弗雷德·爱德华·霍斯曼作

是德国，成为啤酒花的中心产区。

啤酒的兴起

中世纪的修道院网络就好像网络聊天室的某种前身。随着兄弟会成员及其修士在不同的修道院之间旅行，消息、知识与流言也不断传播，有关一种经过啤酒花调制的全新啤酒的消息也流传到了现代的比利时、荷兰等相邻的低地国家和法国北部地区。但15世纪时英国国王亨利六世口中的小麦啤酒并未轻松跨越英吉利海峡。正是这道海峡将饮用小麦啤酒的欧洲人跟喝麦芽酒的英国人分隔开来。尽管这个岛国土生土长着野生啤酒花，但人们却对拿这种"外来"的啤酒花毁掉自己优质的英国麦芽酒有着很大的敌意。不过，好酒不怕巷子深。英格兰古国东安格利亚跟南方都是繁忙的羊毛纺织区，也是许多荷兰织工聚居的地方。他们都非常渴望能喝到家乡口味的啤酒。很快，有人开始往这里进口这种啤酒。最终，英格兰也走上了生产这种啤酒的道路。

16世纪早期，肯特郡已经开始种植酿酒用的啤酒花。不过，即使在半个多世纪之后的莎士比亚时代，添加了啤酒花的啤酒还是不如没有添加啤酒花的麦芽酒受欢迎。尽管如此，啤

啤酒花中心产区

右图为大约1882年时的一幅博克黑啤酒广告。博克啤酒是一种烈性陈贮啤酒，通常是为特殊场合酿造的。这种啤酒起源于14世纪时的德国北部城市埃因贝克，并因该城市而得名。

物资充足的"五月花"号

英 国 画 家 Charles Lucy (1814—1873) 所描绘的清教徒前辈移民1620年从普利茅斯起航的场景。在"五月花"号所携带的物资当中包含了啤酒花，这样这些移民就可以自己酿造啤酒了。

酒的风潮还是逆势而来。陆军与海军纷纷开始以肉食、面包搭配啤酒为饮食。在船上，饮用水很快就会变得无法饮用。战舰出海航行时，军舰事务长总是给上面配备充足的麦芽酒或者啤酒，标准约为每个人每天一加仑。但在携带传统麦芽酒的战舰上，一桶桶的麦芽酒很快就会变酸，船员们也会因此变得十分不满意。尽管很多被强征入伍的水手并没有选择的权利，但只要有可能，水手们都会选择加入那种运载着保存时间更久的啤酒的战舰。从 16 到 17 世纪，英国人几乎一直都在参战，新出现的这些外国酿酒人也都慷慨纳捐，支持军火贸易。其积极程度丝毫不亚于征收消费税的收税员，因此 1615 年时，英国作家杰维斯·马卡姆在自己的作品《英国家庭主妇》当中说道："绝不要为了区分麦芽酒和啤酒而在麦芽酒当中放入任何啤酒花。"不过他建议，明智的主妇应该"给每一桶最好的麦芽酒当中都加上……半磅上好的啤酒花"。

家一般的感觉

带有浅凹的英国传统啤酒杯盛着满到杯口的麦芽酒。在英伦三岛各地的酒吧里都能看到它。

1620 年，当美国的清教徒先辈从普利茅斯出发前往新大陆时，他们的"五月花"号上就装着啤酒和啤酒花作为给养。到 1635 年，这批移民已经酿出了自己的啤酒。

没有必要回首往事。370 年后，捷克人平均每年要消费 41 加仑（约 155 升）以上的啤酒。紧随其后的是爱尔兰、德国、澳大利亚和奥地利。美国的年均消耗量为 22 加仑（约 83.3 升），而中国则高达 70 加仑（约 265 升）。啤酒已成为远远超出希尔德加德院长想象的一门产业。

木蓝
Indigofera tinctoria

原产地：南亚
类型：灌木植物
高度：6 英尺（约 1.8 米）

○食用价值
○药用价值
商业价值
○实用价值

木蓝与它的竞争对手菘蓝一直都是蓝色染料的主要来源，然而随着大批身穿丹宁布的工人涌现出来，这种自然资源的利用也达到了极限。靛蓝的一种化学替代品的问世引发了印度要求脱离英国统治的独立运动，并为第一次世界大战的第一声枪响提供了资金。

明亮的蓝色

1298 年，在现今印度喀拉拉邦的奎隆，伟大的威尼斯探险家马可·波罗（1254—1324）注意到了一种生产过程中散发出很大异味的奇特产业——靛蓝染料的生产。在今天的西非和亚洲，靛蓝仍然有着非常广泛的用途。人们通过将木蓝植物的叶子浸泡在液体中来提取其中的靛蓝染料。将木蓝叶子进行发酵可以制造出亮蓝色染料——靛蓝。木蓝在发酵的时候伴有恶臭，而且欧洲的某些制造工艺还要用到尿液，使得染工沦落为社会的边缘人。尽管如此，4000 多年以来，靛蓝一直是一种非常受欢迎的染料。

古希腊人将靛蓝称为"来自印度的蓝色染料"（Indikon），显示出了古代东西方之间的贸易活动，见证了马匹驮着一包包的靛蓝染料，沿丝绸之路走出印度的北部的情景。为什么人们要冒着遭遇盗匪和恶劣天气的危险，长途跋涉几个月的时间将这种染料带到欧洲呢？从圣洁的婚礼到葬礼，色彩诉说着自己的语言。蓝色曾经代表着财富。直到今天，在撒哈拉游牧民族图阿雷格部族那里，这一点仍然适用。他们被称为"蓝色民族"，身穿靛蓝色的长袍，戴着穆斯林头巾。蓝色还意味着真实，暗含了死亡。作为天空与大海的颜色，蓝色在某些全身性疗法中，被用来舒缓呼吸，降低血压。

蓝色也被认为是一种与职业相关的颜色。除了欧洲的军服（战争对于靛蓝贸易有促进作用），19 世纪发生在欧洲与美洲的工业化运动还造就了劳动阶层以及住在"别墅"里的中产阶层。

前者需要一种耐磨的织物，可以抵挡火花、粪污、麦芒以及血污等一切污物。这些脏东西构成了一名普通劳动者的一天。从纽约港口上扛棉花包的装卸工到里昂铁路快线上铲煤的司炉工，不论性别是男是女，所有的工人都希望自己的衣服既实惠又耐穿。人们对吊带工装裤、连衫裤工作服、粗布工装裤，尤其是牛仔裤的需求出现了爆发性增长。对蓝色牛仔裤——也就是现在的必备裤子（在美国，平均每个衣橱至少要有 7 条这样的裤子）——的需求已然超过了天然染料的供应能力。1901 年，蓝色牛仔裤成为美国海军的舰上工作服。而早在这之前的半个世纪，对这种服装的大规模需求就已促使化学家们开始寻找一种蓝色染料的合成原料。

尽管它的品质无法与木蓝相媲美，但菘蓝却是木蓝最大的竞争对手。曾征服不列颠的凯撒大帝注意到，"不列颠人用草把自己染成蓝色"，这些不列颠人就是"身背刺青的民族"——皮克特族的战士。他们在自己身上涂上菘蓝，来更好地威吓敌人。在古代法国，随着其省份朗格多克逐渐享誉世界，法国的染工，尤其是所谓"菘蓝球地区"的染工，也掌握了将菘蓝制造成蓝色染料的工艺，来给工作服染色。早在 18 世纪初，德国科学家就已经发现了一种由明矾和动物骨骼制成的化学染料——普鲁士蓝。但在 1856 年，英国一名年轻人威廉·亨利·珀金组建了一间实验室，通过使用煤油来寻找奎宁的人工合成替代品。不过他却发现了人工染料苯胺紫。之后，德国化学家阿道夫·冯·拜耳在 19 世纪 60 年代合成了靛蓝染料，为自己赢得了 1905 年的诺贝尔化学奖。

19 世纪 70 年代，由于工业替代品对靛蓝市场的冲击，印度经济遭到了灾难性的打击。20 世纪初，对天然靛蓝的需求达到了有史以来的最低点，这导致印度提出了独立的要求，并在不到半个世纪之后，终结了英国对这里的统治。化学染料工业在德国不断扩张，截至 1900 年，其化学染料已垄断了整个市场。德国从中获得的利润为其参与第一次世界大战提供了资金。

合成染料
尽管在商业上取得了巨大成功，英国化学家威廉·珀金爵士还是选择了退休。

这一抹幽蓝露出了它永恒的胸怀；
夏夜的露珠安静地聚集起来；
令晨曦无价。
——《睡与诗》（1884），约翰·济慈作

香豌豆
Lathyrus odoratus

原产地：南欧
类型：一年生攀缘植物
高度：8英寸（约20厘米）

◎食用价值
◎药用价值
◎**商业价值**
◎实用价值

在已故威尔士王妃戴安娜的故乡，香豌豆在野外的无数花朵中灿然绽放，引得万众瞩目。尽管它在19世纪50年代几乎引发了一波跟郁金香类似的投机风潮，不过却并未如自己的近亲豌豆这种可食用的豆子一样那么深刻地改变历史的进程。巴伐利亚的一名修士借助香豌豆为现代遗传学的建立和DNA的研究扫清了道路。令人遗憾的是，达尔文早在这两门科学正式问世之前便已离世。

田野中的大变身

今时今日，每到春天，地中海，尤其是在马耳他岛与撒丁岛上的小道旁，仍然可以看到篱笆一般的野生香豌豆花丛盛开着芬芳四溢的紫色花朵。不过在17世纪初的时候，方济各会修士弗朗西斯·库帕尼神父却是在附近另一座小岛——西西里岛——上发现了一种奇特的香豌豆品种。这种香豌豆就长在他位于巴勒莫的修道院花园里。它是一种自然变异或者说"突变"的品种，姿态优雅。其花瓣纤小而且呈双色，其中旗瓣为粟色和紫色，翼瓣则为品红色与紫色。神父收集了它的种子，并在次年种到了土里。他发现，新开出的花仍然跟去年一样特别，于是他很开心地再次留下了花种，并在第二年又一次发现开出的花还是如去年一样。1699年，神父在发现这种花三年后，将花种寄给了在阿姆斯特丹一家医学院工作的植物学家卡斯帕·卡米林博士。之后，这些花种被转交给了居住在英格兰米德塞克斯一位名叫罗伯特·尤维达尔的人。此人

> 香豌豆花，踮起脚要飞翔；
> 娇羞的红晕点缀着细腻洁白的翅膀；
> 修长的手指紧握着大地；
> 纤细的藤蔓环绕起一切。
> ——《恩底弥翁》（1818），约翰·济慈作

是一名博士，也是一个植物学家，而且还是一位校长。后来又出现了一种白色的香豌豆变种。这之后不久，出现了第四种香豌豆的变种。它被称为"彩妆女郎"，花瓣具有粉白两色。

这种香豌豆的新品种在各地不断涌现。1752 年，英国汉普郡赛尔伯恩一位名叫吉尔伯特·怀特的牧师在自己的菜园日记当中写下了这样的文字："4 月 15 日，我在新温床上种下了一些黄色的玉米……好代替那些在杯子里没种活的。4 月 16 日，在布雷克行道边上的新花园边缘撒了种子，有老枪谷、彩妆女郎、飞燕草、黄羽扇豆和虞美人。"

1793 年，随着人们对这个一年生植物当中的女王的兴趣越来越高，伦敦舰队街上的一名种子商出版了世界上第一份香豌豆目录。其中列出了五个香豌豆品种，包括最原始的双紫色品种、白色的香豌豆变种、粉白相间的彩妆女郎以及一种栗色开红花的品种。种植者们开始用自己的香豌豆品种做实验，试图创造出可以继续种植的新变种或者尝试进行异花受精。一本园艺手册对此解说道："使用骆驼毛刷、绑在棍子上的兔尾毛或者用镊子夹住花的雄蕊，用手拿着一个品种的花给另一个品种授粉。"在当时，苏格兰的园艺家亨利·埃克福德已经开始研究香豌豆，并创造出了 115 个香豌豆新品种。这位园艺家曾为威尔特郡的拉德纳伯爵种植天竺葵和大丽花，并因精于此道而蜚声天下，曾在很多大庄园中工作过。最终，他凭借自己的香豌豆品种"青铜王子"从伦敦皇家园艺学会赢得了园艺领域的最高荣誉。后来，埃克福德不再为他人工作，转而在英国什罗浦郡的威姆开办了自己的苗圃。在这里，他将自己的香豌豆种子传播到了全世界。这些种子在美国尤为受欢迎。不过，香豌豆带给世人的惊喜远不止于此。1900 年左右，一名杂货商、一个园丁以及一名上流人士分别从埃克福德的贝壳粉色香豌豆品种——女主角——当中发现了一种新的香豌豆变种。它的花朵粉艳欲滴，花瓣褶边大而蓬，使得这三个人争相为这个新品种命名。不过最后，还是奥尔索普公园的园艺师西拉斯·科尔所取的名字——斯宾塞伯爵夫人——流传了下来。已故戴安娜王妃就出身于斯宾塞家族，而奥尔索普公园正是这个家族世代居住的地方。

可食用豌豆

香豌豆并不适于食用，而且大量食用的话还有毒性，因此人们培育了同属于豆科的另一种植物——可食用的豌豆来吃。

生命之种

种子代表了植物进化过程当中最重要的演化环节。借助外面包裹的保护层，种子可以经由空气、水体、动物皮毛或者鸟类的消化道被带到不同的大陆，并且在条件合适的时候再次绽放生机。最重要的是，每一粒种子都是其母本植物的胚芽，含有复制其母本所必须的 DNA 信息。

遗传学的诞生

从库帕尼神父到西拉斯·科尔，这些园艺家在自己的植物当中进行选择和培育，用自己最喜爱的花朵达到了芬芳世界的新高度。（不过有趣的是，他们从未选育过纯黄色的花朵。而且一直到现在，也没有人选育这样的花朵。）他们所做的其实涉及当时尚不为人所知的遗传学。正如吉尔伯特·怀特牧师这样的业余生物学家也了解的那样，科学的选择取决于对动植物极为细致的研究。但怀特牧师在1771年8月写给朋友托马斯·彭南特的信中，却很关心什么人能够，或者说不能够，承担起他口中所谓生物区系研究者的责任。

他对自己的朋友写道："正如你所观察到的那样，生物区系研究者太容易满足于空泛的叙述和寥寥可数的几个同义词了。"原因是显而易见的："对于生命的调查和有关动物的交谈充满了麻烦和困难，只有积极主动，充满好奇心而且大多数时间都居住乡间的人才能克服这些。"他总结说，"外国的系统分类学研究"尤为不可靠，而且"对物种差异的陈述也过于模糊"。

吉尔伯特·怀特认为"外国人"难以胜任植物研究的工作，但他的论断却忽略了安德里亚·切萨尔皮诺的贡献。切萨尔皮诺出生于1519年，曾在比萨大学学习植物学，并在1583年出版了十六卷的《植物》一书。书中包含了他对于植物研究以及将植物根据其生殖器官进行分类的论述。而当一位名叫约翰（后改为格雷戈尔）·孟德尔的摩拉维亚独身修道士出现时，怀特再次被证明是错误的。1843年，孟德尔在加入斯夫拉特卡河畔的圣托马斯修道院时改了自己的教名。这座修道院位于摩拉维亚的省会布隆，也就是今天捷克共和国的布尔诺。圣托马斯修道院虽然是一座修道院，但在某些方面却更像是一座大学。它鼓励修道士去追求自己的学术兴趣，进行研究与教学。在这一方面，格雷戈尔·孟德尔非常勤奋。由于出身农家，他天

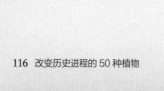

遗传性状

通过观察可食用豌豆，孟德尔发现，纯种植物系培养出来的后代植物具有一致的性状，而杂交植物则有着不同的性状。

生就对动植物的选育十分感兴趣。比方说，他十分热衷于研究一代蛋鸡如何生长变化，适应环境，并且孵化出产蛋率更高，但又基本不改变其本质的后代。

一开始，孟德尔做研究用的是小鼠。但是因为这些小鼠会令孟德尔的住处散发出难闻的气味，便被一位访问修道院的主教给禁止了。此时，孟德尔并未将研究转向香豌豆，而是将目光投向了它的近亲——豌豆。豌豆与香豌豆均为豆科植物，只是有着不同的属和雄蕊。豌豆的繁殖可以保持其一致性。种下绿色的豌豆，便会结出绿色的豌豆来；而种下的若是黄色的豌豆，那么结出来的豌豆也是黄色的。孟德尔逐渐意识到，植物性状的遗传源于它的每一个亲本植物，是彼此独立而且成对实现的。他发表了一份科研论文，阐述了自己的发现。而就在此前六年的 1859 年，英国生物学家查尔斯·达尔文出版了《物种的起源》一书。他在书中向世人展示出，动植物会随着时间的过去而进化，而且遵循着"物竞天择，适者生存"的法则。由于该书暗示人类同时也是进化的产物，而非整个宇宙天然的主人，也不是仁慈的上帝所创造的，因此引起了很大的争议。达尔文的发现引来了无数人的嘲弄，而且更重要的是，它还带来了深刻的辩论。与此同时，孟德尔的成果却遭到了人们的忽略。瑞士杰出的植物学家卡尔·冯·纳盖利便曾错误地劝说孟德尔，说他的成果是不完整的，需要进行更多的研究。

直至离世，孟德尔都谦逊地接受了自己毕生的研究成果毫无价值的观点，他的很多论文也遭到了损毁。而他本应享受到的社会认可也忽视了他。最终，是纳盖利的一名学生，德国植物学家兼遗传学家卡尔·科伦斯以及另外两名科学家在孟德尔死后重新发现了他的研究成果，是他们向世人展示了孟德尔这位巴伐利亚修道士拿豌豆做出的研究成果的真正意义。

孟德尔

由于同时代的权威科学家难以理解其发现的重要性，孟德尔回归宗教修行，于 1868 年成为修道院的院长。

发掘孟德尔的英雄

三位植物学家大约在同一时间重新发现了孟德尔的成果。他们分别是德国的卡尔·科伦斯，奥地利的埃里克·切尔马克·冯·塞森艾格以及荷兰植物学家雨果·玛丽·德·弗里斯。德·弗里斯一直在致力于创建自己的遗传学理论，并不知道孟德尔已经通过豌豆完成了这一点。英国学者威廉·贝特森在研读了孟德尔的论文之后，创造出了英文的遗传学一词 Genetics，并成为孟德尔理论成果的拥趸。

薰衣草

Lavandula spp.

原产地：地中海、印度、加纳利群岛、北非和中东地区
类型：多年生常绿灌木
高度：最高 6.5 英尺（约 2 米）

◎食用价值
◎药用价值
◎商业价值
◎实用价值

薰衣草的英文名称 Lavender 得自于古罗马人，来源于拉丁文的 lavare（沐浴和冲洗之意）。它是一种真正的地中海植物，扎根于野外，即使在法国南部普罗旺斯土壤贫瘠的灌木丛和热岩之间也能见到它的影子。后来，薰衣草逐渐成为别墅花园当中的经典植物之一。现在它已成为香水行业中一种不可或缺的资源。

会自燃的花

在薰衣草即将开花之前，将其花茎剪下来置于地中海热烈的阳光下暴晒可以锁住花朵中的天然芬芳。古罗马人会将一捆捆芬芳的薰衣草花束浸泡在浴池中，它的英文名 Lavender 似乎就来源于此。

虽然薰衣草总会让人联想起跟馥郁慵懒有关的事物，但这种植物却会自燃。地中海某些品种的薰衣草跟澳大利亚桉树很相似，含有大量的挥发精油，会在盛夏的高热中自燃，使周围植物着火，在石南灌木丛中引发火灾。只有烧过一场这样的火之后，这些品种的薰衣草才能发芽生长，因此，薰衣草的商业种植户开发出了一种烟水，好让花房中的薰衣草能发芽。

薰衣草属于唇形科植物，有着银色的叶子，花朵从白到蓝，多彩多姿。除了根部，薰衣草全身各个部分都含有薰衣草精油。其细长的叶子和所含的天然油脂给野外的薰衣草提供了天然的保护，使它能在仲夏的干旱环境当中生存，并且让大部分食草动物都对它提不起食欲来。此外，薰衣草还有着醉人的香气，可以吸引昆虫帮它授粉。

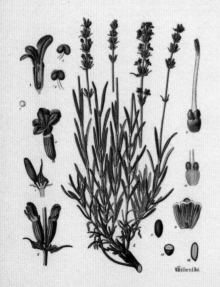

根据花园位置的不同，薰衣草树篱可采用各种处于不同生长阶段的植株。修剪用的薰衣草，其植株年龄应不超过四到五年，而观赏用的则必须采用生长年份更长的植株。

——《花园的色彩方案》（1914），格特鲁德·杰基尔著

以薰衣草花蜜为食的蜜蜂便会酿出一种香气特别浓郁的蜂蜜。

自草本植物有文字历史起，薰衣草就是一种烹饪调味料和草药。从古埃及文明到古希腊和古罗马文明，再到古代阿拉伯文明，每个古代文明都利用过薰衣草。从公元7世纪开始，这些文明引领了地中海地区的医学以及其他大部分领域的发展。薰衣草通常被用来熏香衣物或者清新空气，但同时它还是家喻户晓的杀虫剂。在12世纪时，德国宾根的女修道院院长希尔德加德发现薰衣草可以有效杀死跳蚤和头虱。而早在公元77年，《药物论》的作者迪奥科里斯就注意到薰衣草具有药用价值，对烧烫伤和创伤尤为有效。从古罗马时代一直到惨烈的第一次世界大战，薰衣草得到了很好的利用。

可是，卡尔佩珀在自己的《草本全集》当中却警告说："从薰衣草当中提取的化学油脂通常被称作薰衣草精油，有很强的刺激性和腐蚀性，应当谨慎使用。"同时他还认可了薰衣草对于"癫痫、水肿、抽筋、抽搐、中风和经常性昏厥"以及另外十几种疾病有治疗能力，其中还包括治疗失声。不过，薰衣草影响最大的却是香水制造领域。1709年，意大利调香师乔万尼·玛丽亚·法里纳在一款香水当中混入了少许薰衣草，并以自己的新家乡科隆为名将其命名为科隆香水，这也就是我们常说的古龙水。在法国马赛爆发的一场瘟疫期间，有四名盗墓贼因偷盗死者财物被捕。他们宣称自己在预防瘟疫的药水当中加入了薰衣草。这之后，Farina推出了自己的古龙水，其中还加入了迷迭香、丁香、蒸馏白醋，并将其称为"四个贼的精力之源"。其家族将这款仿效者甚众的古龙水从德国小城一直卖到了21世纪的今天，并用商店的门牌号作为自己的商标。不过，严肃的香水生产已然转移到了以薰衣草为标志的另一个欧洲地区——法国的普罗旺斯。

在古希腊和古罗马时代，人们曾经燃烧香料来清新空气，因此在拉丁语当中，与英语香水perfume相近的perfumare指的是用烟熏。但到19世纪中期的时候，这已经让位于人工合成香料。尽管如此，这些东西还是无法与薰衣草精油相媲美。

全球性植物

薰衣草通常会让人联想到法国的普罗旺斯，但今天，这种植物已经成为一种经济作物，身影遍布很多地区。其现代种植中心包括澳洲的塔斯马尼亚岛（如图所示）以及日本北部的中富良野町。

成功的味道

薰衣草大约有28个品种，每一种都能产出不同数量和品质的薰衣草精油。对于商业制造者来说，技艺的精妙之处在于如何制造出最佳的杂交品种。狭叶薰衣草，又名真薰衣草或英国薰衣草，种植于海拔2600到4300英尺（约800—1300米）之间时品质最好。而种植海拔低于它的宽叶薰衣草虽然质量稍低，但产量却是前者的三倍。这两种薰衣草的杂交种荷兰薰衣草能够产出更多的低品质薰衣草精油，而且生长所要求的海拔高度也比较低。

苹果

Malus pumila

原产地：中亚，高加索地区、
印度境内的喜马拉雅山脉、
巴基斯坦和中国西部地区
类型：树
高度：最高25英尺（约7.6米）

◎食用价值
◎药用价值
◎商业价值
◎实用价值

野生苹果树上结的果子口感苦涩，没有人会愿意吃，不过它在世界各地的园艺史当中可能都占有一席之地。它不仅是我们所吃的苹果的祖先，而且还帮艾萨克·牛顿爵士发现了万有引力定律。虽然为什么苹果这种水果会出现在众多的神话与传说中本身就是一个谜，不过这个小巧的营养宝库所带来的经济影响却是毋庸置疑的。

奇特的果子

1500年前哈萨克斯坦的阿拉木图，一个摊贩在一个乡间市场上有史以来第一次将一包树苗摆到了摊上。周围摊贩纷纷对他投来了奇怪的目光。不管是跟当地人还是沿丝绸之路经过这里的那些一脸凶相的部族做买卖，一般来说，交易的东西包括羊头、活鸡以及从附近森林里摘来的成篮的野生苹果、核桃跟杏子。摊主试卖的这些树苗同样来源于附近的森林里。它们肯定受到了来到这里的那些外来行商的欢迎，因为随着时间的流逝，阿拉木图逐渐成为"苹果的发源地"。那些行商拉着一包包的香料、纸张、成箱的瓷器，有时甚至还会带着一排可怜的奴隶。他们吃苦耐劳，装满货物的车队东抵阿富汗、印度和中国，西至俄国的阿斯特拉罕、土耳其及欧洲。

这是有关苹果如何从西亚传播到世界各地的解释之一。不过苹果可是一种十分神秘的水果，不同的语言和文化赋予了它不同的名字。其中有的十分相似，比如Aball、Ubhall、

Afal、Appel、Obolys 和 Iabloko。在拉丁语当中，它被称为 Malus，希腊人则叫它 Mailea。而有的则完全不同，比如在古老的巴斯克语中，它就叫做 Sagara。

苹果在巴斯克语中的名称迥异于其他语言这件事引起了不止一位历史学家的注意。其中一位就是《理论地理生物学》（1855）的作者阿方斯·德·康多勒。他提出，苹果的驯化有着更早的实践者，那就是凯尔特人。在古罗马崛起成为西欧超级大国的过程中，凯尔特人也从自己东欧的家乡迁徙到了欧洲的西部和南部地区，而东欧正好是野生苹果的发源地。尽管凯尔特人常常受到美化，但他们的野蛮程度其实跟同时代任何一个自给自足的部落都没有太大的差别。他们通过诗歌、口述、故事与口耳相传的传说记录自己的历史。其中有一个有关苹果的故事就涉及了魔法师梅林。直到今天，在威尔士、布列塔尼、加里西亚、爱尔兰和苏格兰西部地区的凯尔特牧场上，仍然流传着这个手拿魔杖、身穿棕色长袍的魔法师的传说。

在下面这首据称是"苏格兰人梅林"作于 16 世纪的诗歌当中就提到了我们古老的苹果树：

"在衰老之前，也就是他 147 岁的时候，梅林看到了果实鲜美的苹果树，跟他一样沧桑、高大和健壮。它们是仁慈的产物。卷发少女守护着它们。"

还有一个跟圣布里厄有关的凯尔特传说也显示出凯尔特人是最早种植苹果树的人。此人因与撒克逊人开战而被逐出了英格兰西部。此后，他开始种植苹果园。在古代威尔士的一部法典中，人们还列出了一个苹果树的定价规则："在 [果树] 挂果之前，每过一季，其价值便提高 2 便士。挂果时，树价为 60 便士，与牛犊价值相等。"

苹果还频频出现在古希腊和古罗马的神话传说当中。在古希腊神话当中，野丫头阿塔兰塔是阿卡迪亚的伊阿索斯之女。她的父亲不喜欢她，并将她遗弃在山中，一头母熊哺育了她。后来阿塔兰塔被一群猎人养育成人，并成长为一名女猎手。当她到了成婚的年龄，她要求每个向她求婚的人和她赛跑。比赛的时候，男的要裸身，而阿塔兰塔则身穿薄如蝉翼的长裙。每次她赢得比赛，阿塔兰塔都会将求爱者杀死。这时，出现了一名新的追求者弥拉尼翁。爱情女神阿佛洛狄忒十分同情他，

来自凯尔特的水果

日内瓦大学的阿方斯·德·康多勒（1806—1893）认为苹果起源于凯尔特人和条顿人生活的地区，并说 [苹果] 史前生长的区域从里海几乎延伸到欧洲"。

英国果酒节

将苹果（或者任何水果）的果树围进果园里是一个古老的行业，而祈求果园丰收的风俗也同样古老。这其中最古怪的莫过于在主显节这天晚上聚集到又黑又冷的果园里朝着其最大的树开火了。英国的赫里福郡、格洛斯特郡再度兴起了举办果酒节庆贺丰收的活动。这在萨默塞特尤为火爆。过果酒节时，人们会在园中最大的树上挂上一片片吐司面包（来吸引善良的知更鸟精灵），并向树枝开火（好驱散恶魔），然后便痛饮苹果酒，纵情欢唱。

Sum Venus, orta mari, toti gratiſsima cælo,
Exhilarans homines, ethereoſq́ Deos.

魔法与神话

希腊女神维纳斯也就是古罗马神话当中的阿佛洛狄忒。这幅画描绘了希腊女神维纳斯、其子丘比特以及特洛伊王子帕里斯交给她的"不和的金苹果"。重重神话和传说围绕着这个苹果，尤其是当它涉及凯尔特传说和亚瑟王的故事时。

于是给了他三个金苹果，好在比赛途中扔到路上。正如阿佛洛狄忒所期待的那样，这些金苹果吸引了阿塔兰塔的注意，使弥拉尼翁赢得了比赛和阿塔兰塔的心。苹果还出现在赫拉克勒斯的第十一件大功中。在一座由三名赫斯珀里得斯仙女守卫的花园中生长着一棵金苹果树，树上住着一条守卫这棵苹果树的龙。赫拉克勒斯在海神涅柔斯的帮助下找到了金苹果树生长的花园，并摘走了金苹果。然而这些苹果一离开花园就开始腐败，必须归还回去才能恢复往昔的美丽。

虽然亚当与夏娃在伊甸园中吃下的"金色果子"可能指的是更常见的石榴，但在神秘的凯尔特传说中，迷雾重重的阿瓦隆岛却确实跟苹果有关系。阿瓦隆岛是西海之中的一座苹果岛，也是一座人间天堂，它有时被认为是英国萨默塞特的格拉斯顿伯里。圆桌骑士当中伟大的统治者亚瑟王便长眠于此。凯尔特神话对苹果有着深刻的喜爱。阿瓦隆岛的女王摩根勒菲手中便拿着一根苹果枝作为和平与丰饶的象征。摩根有时被刻画成一个诡计多端的女巫，她同时也是冬天女神，与夏日之神亚瑟互补。即将逝去的亚瑟王被带到了阿瓦隆，希望自己有一天将归来，击败王国所有的入侵者。然而，当诺曼人在 1066 年入侵英国并将船停泊到英国的海岸边时，他们不仅带来了新的苹果品种和果园管理技术，还带来了苹果酒的概念。在此之前，古罗马人早已将果树女神的艺术——葡萄酒和葡萄园——带到了法国（时称高卢）和英格兰。在凉爽的气候下，果树女神波莫纳取代了葡萄之神巴克科斯。

苹果酒是一种可以课税的商品。到 14 世纪时，税务记录显示，英格兰南方大部分地区都已出现了苹果酒的生产活动。在接下来的 600 年里，它在苹果种植地区成为主要的农业饮品。苹果酒并不能算是苹果种植的一种副产品，但却是那些酒苹果种植和收获的唯一目标。下面这些叙述出自什罗普郡巴克奈尔的农民斯坦·莫里斯之手。他在 20 世纪 80 年代写下了这些文字。

"苹果酒的制造占去了一周之中的大部分时间。10 月到圣诞节是生产苹果酒的季节。在河边建起移动式磨坊，用马匹压榨苹果汁。河下游的地方由于能取到河水而变得很特别。以前的时候，有十几户人家每年都会酿苹果酒。"

苹果汁有很强的通便作用。莫里斯描述了往木桶中装入压榨苹果汁，等待其中的天然酵母进行发酵的景象。

"你可以看出桶中的酒发酵得快要溢出来一般……我们曾从一家卖朗姆酒的公司买酒桶，这些酒桶里有一定数量的朗姆酒。当然，这些酒都是剩在里面的。在家里的苹果酒存放间，我们会放一两个 120 加仑的酒桶以及大约 2 个豪克海酒桶（光这个就能盛下 100 加仑的酒），然后还会储藏两三桶 50 或者 60 加仑重的酒。"

6 名家人加上 6 个工人的中等家庭作坊

苹果疑云

并不是每个提到苹果的故事都是真的。其中有关瑞士英雄威廉·泰尔拒绝朝着放在自己儿子头上的苹果放箭的故事就是其中之一，另外还有一则趣事跟思考万有引力定律的数学家牛顿（1642—1727）有关。当时牛顿正坐在自己位于林肯郡伍尔斯索普庄园中的花园中沉思这些基本性概念。突然，一个苹果在万有引力的作用下从树枝上掉下来，落到了地上。据说，这个苹果的品种是肯特苹果。尽管这个故事有间接证据，但并没有确切证据证明它曾真实发生过。

成功故事

澳洲青苹又名史密斯奶奶，最早是由新南威尔士的史密斯家族培育出来的，后来成为 20 世纪最畅销的苹果品种之一。

一年所生产的苹果酒数量（相当于 620 加仑 [约 2820 升]，或者说每周 100 品脱 [约 57 升] 稍多），这突出了农场出产的苹果酒的重要性。

大苹果纽约

到 18 世纪中叶，苹果树和苹果酒已经传播到了全世界。托马斯·史密斯是一名果农，他本是英格兰的一名农场工人。后来，他跟妻子玛丽亚和五个孩子从英国移民到了澳大利亚的新南威尔士。在这里的赖德市，他们种植了橘子树、桃树、油桃树以及大约 1000 多种不同的苹果树。玛丽亚于 1870 年离世。这之后，他们家在城堡山农业展上展出了自己所培植的一种特殊的苹果品种，并将其称为"史密斯苗种"。这种苹果品种也就是后来有名的澳洲青苹。

美国人也培育出了新的苹果品种。由于苹果最初并不是以树苗的形式，而是以种子的形式被带到美国的，因此北美的苹果品种发展出了更多的遗传种质系。据说 1824 年华盛顿州首批结果的苹果树之一来自于一个名为辛普森的船长，是他将自己在英国告别晚宴上所吃的苹果的种子种到了地里。与此同时，园丁亨德森·吕林则满载苹果树苗从爱荷华州出发向西一路而去。由于马车所载的东西太沉，拖慢了他的脚步，他最终跟另一个来自爱荷华州的老乡威廉·米克停在了华盛顿州，开始种植大片的果园，使得这里成为美国最大的苹果产区。铁路的及时修建也使得这里出产的苹果能够运抵美洲大陆的另一端。

吕林和米克的工作得到了怪人约翰·查普曼的帮助。查普曼生活在 19 世纪，他迁徙各地传播基督教义，种植苹果树，在整个俄亥俄州、印第安纳州以及伊利诺伊州建起了很多苹果苗圃。他的种子都免费得自榨汁制造苹果酒

苹果佬约翰尼
苹果佬约翰尼本名约翰·查普曼。他拥有自己的苗圃，提倡保护自然资源，并将苹果苗传播到了美国的印第安纳州、伊利诺伊州以及俄亥俄州。

高产的苹果
花园里的观赏型苹果树一年可以结出大约 30 个苹果，而商业化种植的苹果品种的产量则可以高达 300 个。

我过的这种生活多美妙啊！
成熟的苹果在我头上落下；
一束束甜美的葡萄往我嘴上；
挤出像那美酒一般的琼浆。
——《花园》（1681），英国诗人安德鲁·马维尔作，杨周翰译

的厂子。后来，他成为一位民间英雄，被称为苹果佬约翰尼。

在 19 世纪中叶，贵格会的一位农民杰西·哈特用一棵已经死了的树的树根培育出了一种高产的大红色苹果。他将这种苹果称为"鹰眼"。三年后，澳洲青苹进入了澳大利亚市场，"鹰眼"苹果则被一名裁判评为"美味"级。两年后，这种苹果采用新名字"蛇果"被推向市场，而它即将成为世界上种植面积最广的苹果品种。

全球性市场

第二次世界大战结束后，美国的苹果种植农户得到了高速发展机会。欧洲的果园由于战争而元气大伤，美国则抓住这个机会占领市场，将本国消费者不买的个头较小的水果卖到了欧洲。不过到 20 世纪 90 年代的时候，中国的果园发展项目纷纷进入结果期。一开始，中国只是进入了果汁市场，但到了新世纪交替之际，中国已取代欧洲、印度和美国，成为全球最大的水果出口商。在中国之外的地区，生产商纷纷抱怨中国低廉的劳动力影响了其本国的市场。然而这些国家自身却都在雇用移民工人采摘苹果。比如雇用东欧劳工的英法两国，以及采用拉丁美洲劳动力的美国。有环保人士争论说，在运行良好的市场当中，农户会以当地劳动力价格从本地寻找劳动力，并将成本转嫁到消费者身上。然而，果农却很明白，超市这种大买家能轻松帮自己把业务拓展到别的地方去。

全球树木保护运动致力于拯救全球濒危树种。在对大苹果的故事进行解释时，该组织于 2008 年出版了一份中亚地区濒危树种的目录。目录中列出了哈萨克斯坦、吉尔吉斯斯坦、乌兹别克斯坦、土库曼斯坦以及塔吉克斯坦原始森林当中生长着的 44 种原始野生树种。半个世纪以来，这些地区有超过 90%的原始森林已经遭到了破坏。原苏联解体所造成的过度放牧、农耕和伐木活动正在威胁着那些被认为是最早的水果与坚果类植物的后代。它们包括野生杏树、野生核桃以及全世界最濒危的苹果品种和野生红肉苹果和新疆野苹果。这些苹果品种被认为是所有现代人工培育苹果的基因源头。

保罗·高更

苹果是在全世界温带地区种植最广泛的水果，同时它也激发了保罗·高更等画家的灵感。

白桑
Morus alba

原产地： 中国和日本
类型： 落叶灌木或者乔木
高度： 最高 49 英尺（约 15 米）

◎ 食用价值
◎ 药用价值
◎ 商业价值
◎ 实用价值

广袤的大陆上，丝绸之路曲折蜿蜒 5000 英里（约 8000 公里），交织着无数与前往异域的旅程有关的神话与浪漫传说，是世界上最早的超级高速公路。作为第一条连接东西方世界的贸易路线，丝绸之路不仅将新诞生的宗教传播到了东方，造就了藏传佛教，而且还将白桑的产物——丝绸——传播开来。

丝绸之礼

丝绸之路并不是一条单独的道路，而是千年以来在中欧之间逐渐出现的一条条道路交织而成的路网。"丝绸之路"这一名词是在德国地理学家费迪南·冯·里希特霍芬于 19 世纪末提出"丝路"这一概念之后才沿用开来。丝绸之路东起西安，绕戈壁滩沙漠进入历史上所谓的突厥斯坦一带。之后，丝绸之路又在南方出现了一条发源自印度加尔各答的道路，这一路线沿恒河穿越喜马拉雅山南麓，进入巴基斯坦与阿富汗蛮荒的丘陵地带。丝绸之路的北线穿越了哈萨克斯坦和亚美尼亚，其南线则路经伊朗、伊拉克、叙利亚抵达亚历山大港、君士坦丁堡、雅典、热那亚及威尼斯等相对较为安全的城市。

安全因素贯穿着丝绸之路路网的始终。其中部分路线出现于中国汉代（公元前 206—公元 220 年）。当时，大汉帝国的农民与商人深受匈奴骑兵的野蛮劫掠之苦。为此，汉王朝向周围邻国派出了使节，希望结盟以对抗匈奴。这种

我们绕过白桑树丛，那是一个白霜寒冷的清晨。
——传统儿歌

　　出使活动有时能够取得成功，但有时也会失败。在第一次出使西域的旅途当中，耐心的汉代外交家张骞被匈奴所俘获。他被匈奴扣留为囚长达 11 年，甚至还在当地娶妻生子。无论汉朝何时派出像张骞这样的使节，都会携带大量的礼品，奉上公主、黄金以及丝绸等礼物，以期打动邻国。到公元 1 世纪时，大汉帝国在这方面甚至拿出了其三分之一的岁入。要不是它往外奉送的丝绸发展成了丝绸贸易，那汉王朝的经济有可能遭受到沉重的打击。

　　在此之前，中国古人早已掌握了丝绸的织造技术，这一点通过已有 4000 多年历史的丝绸遗迹得到了证明。丝绸的生产依赖于原产于中国的白桑。这种树所产的木材属于硬木，对于橱柜和乐器的制造来说有着很高的价值。而它那茂密而宽大的叶子则是桑蚕的美食。在中国，人们常常会先种下一棵长势良好的野生桑树，等它成活后，就在初生的主根上进行嫁接。等桑树的树龄达到 5 年时，就可以采摘桑叶，把它切细后拿来喂食桑蚕了。

　　首先，人们要将桑蚕的卵存放和培养好，好让它们成批孵化。将切碎的桑叶铺到纱网上，然后将孵化出来的蚕放到上面，并让它们在接下来的 35 天中在此大快朵颐。到期之后，桑蚕就织出了可以为我们提供蚕丝的蚕茧。这些蚕茧会被剥开用来育

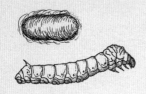

被圈养的小生灵

以白桑为生的家蚕是唯一一种为了丝绸的生产而被大规模喂养的昆虫。

娇嫩的桑蚕

传说三皇之一的神农氏教会了中华民族如何种桑养蚕。14世纪时，王祯在其著作中对如何照料吃桑叶的家蚕给出了建议，说蚕不仅不可以接触到炸鱼或炸肉的味道，而且也要避开新近分娩过的产妇或者酒后之人。另外，它们还不能碰触不洁之人，不可以听到舂米的声音，或者进食潮热的桑叶。

种或者进入丝绸的生产步骤，被滚烫的蒸汽破坏或者被扔进滚烫的热水中。现在，已经空了的蚕茧可以被轻轻解开，拉成一条长达5000英尺（约1500米）的天然蚕丝。我们可以对其进行染色、装饰，并将其织成布料。白桑对于这整个过程都有着关键性的作用。举例来说，一件真丝上衣就至少需要消耗8800磅（约4000公斤）重的桑叶。

中国的丝绸（不是丝绸的制造技术）培育了丝绸之路的贸易路网。骑着驮马、骆驼甚至是大象的商人在经由这些道路向西前行的过程中，在自己的货物中加入了茶叶、纸张、香料与瓷器。随着他们带着葡萄、玻璃制品、香薰和作为牲畜饲料的苜蓿返回东方，一种"全新"的宗教信仰——藏传佛教——也找到了自己传播的方向。丝绸一直都是丝绸之路上最贵重的一种商品，常常被作为一种通货代替货币。有一段时期，一束绞纱加一匹马的价值相当于五名奴隶（不过记录并未显示马的等级是纯种阿拉伯公马还是等待屠宰的驽马）。在公元前1世纪，丝绸被传播到了古罗马帝国的中心地带。古罗马人视之犹若珍宝，将丝绸制成的小物件缝到靠垫上，或者别到时尚的衣物装饰上。

古罗马学者老普林尼在其所著的《博物志》（77）一书中竭力描绘了收获这种传说中的树的情形："最早这么做的人是塞利斯人（即中国人，译注），他们有着著名的羊毛森林。"他解释说："他们往树叶上洒水，好把白色的羽毛摘下来。妇女则负责将一股股的线分开，再把它们重新编织起来。"由于中国人成功地守住了丝绸制造方法的秘密不让它传到西方，因此西方有很多有关于这方面的传言。有的说丝绸是用极细致的土壤纺出来的，有的则说它是用一种很罕见的产于沙漠的花朵的花瓣纺织而成，甚至还有的说是一种不停进食的昆虫把肚子吃撑爆了之后，露出满是丝的身体。野生桑蚕生活在树上，因此可以说丝绸来源于某些树上生长的白色羽毛这个传说最接近事情的真相。在当时，已经有大量丝绸传播到了古罗马，那里的富裕公民都已经可以穿着完全由丝绸制成的衣物了。有的元老院议员开始喜欢穿着这样的衣物。然而包括哲学家塞内卡、作家索利努斯以及提比略皇帝在内，不断有卫道士指责说这种行为缺乏男子气概，丢人现眼。用提比略的话说，这"混淆了男女的区别"。

细心照料

　　该浮世绘由喜多川歌麿创作于1800年左右，描绘了妇女往桑蚕生长的垫子上撒桑叶的情景。

　　渐渐地，丝绸的制造方法以及白桑在其中所扮演的关键角色的信息沿着丝绸之路被传播开来。白桑的种苗被带到了波斯和希腊，西西里岛也化身为一个丝绸制造中心。到15世纪晚期，随着海上贸易取代了古老的丝绸之路，法国自己的丝绸工业也开始成长起来，在南方种下了成千上万株白桑树。英国国王詹姆斯一世试图模仿法国，可惜的是，尽管他种下的白桑树长势喜人，但英国的丝绸工业却并未能随之发展壮大。最终，美国在其殖民时代引进了白桑及丝绸贸易，白桑也借此来到了世界的另一端。

肉豆蔻
Myristica fragrans

原产地： 东南亚热带岛屿
类型： 常绿乔木的种子
高度： 最高 1 英寸（约 2.5 厘米）

◎ 食用价值
◎ 药用价值
◎ 商业价值
◎ 实用价值

从芫荽、藏红花、小豆蔻到胡椒、巧克力、香荚兰和姜，药草与香料构成了人类历史一个不可或缺的组成部分。它们的来源交织着各种与保密、保护、限制和偷盗有关的故事。然而，针对小小的肉豆蔻，抢夺控制权的斗争比大多数香料都要惨烈得多。

肉豆蔻的旅行

尽管肉豆蔻核仁和肉豆蔻皮这样的药草和香料被拿来给食物和饮品增添风味已有很悠久的历史，但人们到底是从什么时候开始拿它们来掩盖不是很新鲜的食物的味道却是一个谜。在今天的西方，街边几乎每一家杂货店都有新鲜的冻鱼、冻肉或者家禽，另外还有一筐筐的水果、香草或者鲜花。可就在几天之前，这些东西还在赤道那炽热的阳光下生长。因此毫无疑问，药草与香料曾拥有比现在更高的地位。像薰衣草和南美的柠檬马鞭草这样的植物会被拿来掩盖大街上的日常异味，而像丁香这样的则被拿来清新口气。但正如约翰·杰勒德所说，这些植物成功的秘诀在于，它们是"食之肉，病之药"，能使人类保持身体健康。

肉豆蔻的功效毋庸置疑。它开淡黄色的花，花朵有香气，其果实有拳头大小，形如杏子。切开果实，可以看到包在一层肉豆蔻皮当中的肉豆蔻核仁，将这层皮干燥后磨碎，我们就得到了香料肉豆蔻皮。肉豆蔻核仁也要经过干燥，既可以整颗出售，也可以磨成细粉。在中国古代，这种香料被中医拿来刺激食欲，促进消化。它还被用来缓解失眠、腹泻、肠胃不适等症状。除此之外，它所含的有益精油可减轻风湿性疼痛。另外，肉

> 一开始，[植物]不过是人类的普通食物，而在此之后，它们成为人们维持生命所必备的食物和恢复健康所必需的良药。
>
> ——《植物志》（1597），约翰·杰勒德著

豆蔻当中还含有有毒的生物碱肉豆蔻醚，大量摄入可导致令人难以忍受的幻觉。这一切都毫无意外地增添了这种香料的神秘感。

寻找某种植物的难度越高，有关于其起源的故事就越离奇。与丝绸相似，传说肉豆蔻生长在一些奇怪的地方。售卖肉豆蔻的阿拉伯人和印度人散播了有关其来源的秘闻。他们称肉豆蔻是一种哑巴贸易的商品，商人们会把它留在异域某些空荡荡的海滩上，来交换金属和镜子等商品。古罗马人几乎不了解它，而古希腊人则完全不知道它的存在。但5世纪的某一天，跟随君士坦丁堡发出的一批香料，肉豆蔻抵达了欧洲。在接下来的七八个世纪中，就在阿拉伯人通过陆路运输肉豆蔻的同时，威尼斯人也通过肉豆蔻贸易获得了丰厚的利润，一如他们的胡椒贸易。1497年，达·伽马绕行好望角，开启了欧洲在印度洋的海洋贸易时代，也将印尼摩鹿加热带群岛上生长的大片肉豆蔻树展现出来，向世人揭示了肉豆蔻的来源。

不过控制肉豆蔻贸易的并不是葡萄牙人，而是世界上的第一个跨国公司——荷兰的东印度公司。在17世纪，该公司挤垮了竞争对手，通过将周边岛屿上生长的肉豆蔻树悉数铲除来保护自己的新兴商业利益（不过食果野鸽却会不断传播肉豆蔻的种子，让他们的努力前功尽弃）。这家公司的经营方式跟当时的大多数殖民势力一样，雇用雇佣兵，杀死竞争对手，用船运来奴隶劳工，这不可逆转地减少了当地土著居民的人口数量，而且其垄断地位稳稳地保持了两个半世纪。然而这种情况却在1776年遭到了法国植物学家皮埃尔·普瓦夫儿的撼动。他成功将足够数量的肉豆蔻种子带出了摩鹿加群岛，在毛里求斯建起了一座种植园。这之后只过了十年多一点的时间，英国人就开始将肉豆蔻树苗运输到了槟榔屿、加尔各答、锡兰的康堤以及英国的裘园。

肉豆蔻的垄断最早掌握在摩鹿加岛民手中，之后则依次落入了葡萄牙人、荷兰人和阿拉伯人之手。最后，这种垄断被打破。现在，它也可以加入其他跨界植物（如最早的甘蔗和姜）行列。这些植物被人们带离了自己的故土，在其他地方落地生根，创造出利润。

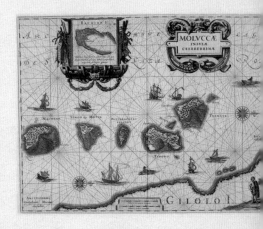

香料征服者

荷兰绘图师威廉姆·布劳在自己1630年绘制的地图上描绘了荷兰与葡萄牙水手之间的一场海战。作为摩鹿加群岛的第一份公开地图，布劳将这片岛屿归属于其最终的胜利者——荷兰人。

传播肉豆蔻

"1796年12月，班达群岛上采集的肉豆蔻植物清单。"在一份交货单上，东印度公司的克里斯托弗·史密斯给在伦敦附近的裘园工作的约瑟夫·班克斯爵士如是写道。他还进一步解释说："我在这些岛上待了18个多月，期间采集了64052棵丁香、肉豆蔻等珍稀植物。我很担心的一点是，在长途运输当中肯定会出现的大量失败……而且[船上]没有人具有恰当的实践知识来照顾这些植物。"史密斯的担忧其实是多余的。

烟草

Nicotiana tabacum

原产地：可能是玻利维亚和
阿根廷西北部地区
类型：一年生植物
高度：最高8英尺（约2.4米）

◎食用价值
◎药用价值
◎**商业价值**
◎实用价值

烟草虽然能超过棉花，成为世界上最重要的非粮食作物，不过它在引发争议方面却找不到任何竞争对手。尽管烟草制造商过了很长时间才承认加工过的烟草能致人死命，但香烟仍然是一种合法且受人欢迎的毒品，并且还一度被奉为灵丹妙药。

世纪妙药

当法国任命让·尼可为驻葡萄牙大使时，葡萄牙人刚开始有组织地横跨大西洋贩卖黑奴，且此前已在非洲的贸易中心廷巴克图设立了大使馆。尼可1559—1561年身处葡萄牙宫廷期间，对从美洲归来的空奴隶贩运船上所带回来的一些奇怪的植物进行了深入的了解。其中的一种植物——秘鲁的天仙子——令他尤为感兴趣，而且他还拿它制成了一种治疗溃疡病的药膏。他派人将这种植物的种子送给了身居巴黎的皇太后凯瑟琳·美第奇。事实证明，这种植物不仅给药师增添了一味良药，还开启了一股吸烟的风潮。所谓"尼可式习惯"指的就是吸入一点磨碎的烟叶。这在法国贵族圈当中风行一时。1571年，医生尼古拉斯·莫纳德斯推出了一种药，号称能够治疗二十多种常见甚至是致命疾病，这些疾病包括偏头痛、痛风、牙疼、水肿以及疟疾（发热）。他在《来自新大陆的好消息》这一标题令人振奋的文章当中详细介绍了自己的发现。莫纳德斯是西班牙人，居住在塞维利亚，而塞维利亚正是最繁忙的美洲植物进口港口之一。

与许多美洲"新"植物的命运相似，烟草的命名也遭遇了很严重的混乱，人们提出了无数种叫法。20年后，医生约翰·杰勒德尝试使用"Tabaco 或者说'秘鲁天仙子'来称呼烟草。尼古拉斯·莫纳德斯称其为 Tabacu"，不过他还说，"美洲人称它为 Petun"。烟草的拉丁文名称包括 Sacra herba、

Sancta herba 和 Sanasancta indorum。然而杰勒德说："有的人称呼它作 Nicotiana。"尼可这位法国大使的名字跟烟草的联系越来越紧密了。

1597 年，杰勒德在其著作《植物志》当中记录了自己的观点。其中他还十分令人意外地详细记录了服食烟草的方法：把干烟叶放在烟斗里，点上火，把烟吸进肚子里，然后再通过鼻孔吐出来。

杰勒德承认说，要想确定烟草的全部疗效，将会需要很大的数量。尼古拉斯·卡尔佩珀在其 1653 年出版的《草本全集》当中也对其充满热情，并在列出一份治疗方法清单之前解释说："它是西印度群岛的一种特产，但我们也在自己的花园里种植这种植物。"与猪油混合在一起制成药膏，它可以彻底治疗"疼痛发炎的"痔疮。它还可以消除牙痛、杀灭虱子、减肥，而且它的精油还能"杀死猫"。日记作者塞缪尔·佩皮斯可以证明这一点。他在 1665 年 5 月 3 日的日记中写道："看见了一只被佛罗伦萨公爵毒药毒死的猫，还看见……烟草的精油……也有同样的效果。"有报告说，黑死病流行期间，伦敦没有任何烟草商受到这场瘟疫的不良影响。这促使伊顿公学推出了强制吸烟的规定，而且违规者将遭到鞭打的处罚。不过卡尔佩珀却并不相信烟草可以"预防黑死病"，并写道："里维纳斯说，莱比锡爆发黑死病期间，有多名死者都是重度吸烟者。"不过这位伟大的医生确实给这种非凡的药物做出了进一步的说明——将烟草的烟雾"以灌肠的方式"送入腹内，不仅是一种出色的放松肠胃的疗法，帮助身体"驱虫"，而且可以救回"溺水假死"的人。

那么这种有益健康的好植物是来自哪里呢？它又是长什么样子呢？杰勒德全面地对这种植物进行了描述，说它的茎与小儿的胳膊相当，可以长到 7—8 英尺高（约 2.1—2.4 米高），叶片长而阔，表面光滑。他还注意到，冬季一降临，这种植物就会枯萎。1612 年在北美的弗吉尼亚，英国人约翰·罗尔夫成功实现了烟草的人工种植。七年之后，由奴隶种植的这种植物成为当地最大的出口商品。销售它们的拍卖会从每年 8 月一

生物碱

许多植物都含有被称为生物碱的天然化合物，其酸碱值在 7 以上。对我们的身体来说，有的生物碱具有治疗作用，有的则有毒性。很多生物碱可以通过加工进行提纯，制成药品或毒品。这样的生物碱包括可卡因、咖啡因、吗啡、金鸡纳碱以及尼古丁等。

在地球所出产的所有植物当中，烟草是最受男人喜爱的植物。
——《新图解花园辞典》（1937），理查德·苏德尔著

直持续到深秋，同时买主则追随着烟草的收获期，从佐治亚州南部的烟草种植带一路北上前往北方的弗吉尼亚烟草"老种植带"。消费者用不同的方式来服用烟草药物，如法国鼻烟、美国咀嚼烟、西班牙雪茄和英国的烟斗。但随着小雪茄（也就是现在的香烟）越来越流行，烟草制造商们纷纷加入竞争，把黑叶的白肋烟跟弗吉尼亚淡烟草等不同品种的烟草混合出独特的香型，占领市场。

而在香烟的卷制和包装方面，人们则只能依赖敏捷的双手。不过19世纪是工业创新的世纪，来自弗吉尼亚罗诺克市的詹姆斯·本萨克也在其中大展拳脚。1880年，他取得了一款卷烟机的专利，这台机器一小时可以卷制12000根香烟。只过了10年，这种机器就为某些人卷来了滚滚美元。詹姆斯·布坎南公爵就是其中的一位，他是朋友们口中的"钱公子"，也是美国市场上的"香烟先生"。到1890年，他已经掌握了美国香烟市场40%的份额。

黑夜骑士

一开始，尤其是在20世纪初的时候，黑夜骑士这个团体并不是很受欢迎，他们被指责采用暴力手段控制美国肯塔基与田纳西的小烟草种植户。该团体的领导人是戴维·阿莫斯医生，其成立的目的是强迫不情愿的烟草种植户加入一个组织，抵抗布坎南的策略。他们在晚上烧毁或者炸毁烟草仓库，成功跟当局玩起了猫鼠游戏（不过在1907年12月袭击了霍普金斯维尔之后，当地民兵领导人詹姆斯·伯奇·巴塞特带领一队人马追踪并杀死了一名所谓的骑士）。在当时，得益于烟草令人镇静的能力，香烟已被广泛认为是一种万能药。在多场大战当中，承受着巨大压力的士兵们都会抽烟解乏，如欧洲三十年战争（1618—1648）、半岛战争（1807—1814）、两场英布战争（1880—1881和1899—1902）以及第一次世界大战。在英布战争期间，英国士兵认识到晚上一定不能拿一根火柴连续点三支烟，否则就成为布尔族狙击手的枪下亡魂。当巴克·布坎南于1925年离世时，他的女儿成为世界上最富有的女孩，而这个小姑娘

才 12 岁。

烟草是一种很有潜力的经济作物。但早在 7 世纪的时候，就出现了它的批评者。尽管承认烟草对于成功治疗梅毒有一定的合理性，西班牙古代历史学家贡萨洛·奥·维耶多还是质疑说："在我看来，我们有一个非常有害的坏习惯。"1606 年，苏格兰医生以利亚撒·邓肯建议将烟草重新命名为"青春的毒药"，因为它"会给年轻人带来很大的伤害和危险"。1622 年，荷兰人约翰·内安德称"过量摄入烟草会使人身心俱损"。最彻底的谴责则出现在 1604 年的一本小册子——《烟草抵制手册》当中。这本手册说吸烟"是一种对眼睛、鼻子、大脑以及肺部都会带来很大伤害和危险的习惯"。英王詹姆斯一世首开征收烟草税的先河，因此当人们发现他就是这本手册的无名作者时不禁一片哗然。正如 1953 年《读者文摘》杂志的封面标题"香烟带来癌症"所说，烟草与癌症的产生有一定关系。因此在某种意义上，这位皇室评论员不过是提前预言了 400 年后，当烟草被揭示出其致癌作用时各国政府的举动。到 2008 年，从不丹到古巴，出于对民众健康的考虑，世界上有很多国家都颁布了禁烟条例。

戒烟

万宝路牛仔是万宝路香烟营销的标志性牛仔硬汉形象。随着美国对该形象施加广告限制，美国的烟民数量也出现了下降。1992 年，曾为万宝路香烟拍摄广告的演员韦恩·麦克劳伦因肺癌离世。到 2008 年，推行禁烟法令的国家数量增加到了 28 个，这其中就包括古巴。自 1986 年起，古巴领导人菲德尔·卡斯特罗就因健康原因戒掉了其标志性的雪茄烟。

香烟之痛

此图是 1899 年的一幅香烟广告画。当时没有人能预料到，一个世纪之后，全世界每十个人就会有一个因吸烟失去生命。

橄榄

Olea europaea

原产地：地中海
类型：常绿植物
高度：最高 66 英尺（约 20 米）

◎ **食用价值**
◎ 药用价值
◎ **商业价值**
◎ 实用价值

很难想象没有了无花果、葡萄、柑橘或橄榄的地中海会是怎样一幅景象。橄榄很晚才出现在这个地区，它大概是在 5000 多年以前由野外水果驯化而来的。然而橄榄一出现，由它压榨而来的橄榄油就大大推动了雅典城邦国家的发展，后者进而给我们带来了民主制度、奥林匹克运动会、帕台农神庙以及一直延续到今天的艺术品位。

橄榄木的神像

1907 年在法国东南卡涅镇的克雷特庄园，印象派画家皮埃尔 – 奥古斯特·雷诺阿为了保住庄园中一片古老的橄榄树林，便将它买了下来作为自己的家。之前，他在法国里维埃拉看房的时候听说为了给一处果蔬园腾地，克雷特庄园当中那些古老的橄榄树林将会被伐倒。20 世纪初的时候，种玫瑰比种橄榄树有着更好的经济收益。雷诺阿买下了这片庄园，并保住了其中的橄榄林。在生命最后 11 年躁动不安的时光中，他一直居住在这里，挣扎着试图捕捉住这种地中海树木的精髓。正如他给朋友的信中所说，这种树"充满了色彩。只要有一阵风袭来，我的树就变幻了色调。它的色彩不在自己的树叶上，而是在树与树之间的空间里"。

橄榄树曾经是——现在仍然是——地中海风貌不可分割的一部分。不过曾几何时，在雷诺阿生活的法国南部是没有橄榄树的，正如我们在美国加州也看不见桉树一样。作为一种木犀科植物（其他木犀科家族成员还包括白蜡木、丁香、水蜡树、茉橄榄树简直是太无情了。你要是知道它给我带来了多大的麻烦你一定会明白的。
——摘自 20 世纪初法国画家皮埃尔－奥古斯特·雷诺阿写给朋友的信

莉以及连翘），人工种植的橄榄树可以长到 66 英尺（约 20 米）高，不过人们通常会把它的高度限制在 10 英尺（约 3 米）。成熟的橄榄是一种黑色的小果实，每颗果实当中都包含着一颗大种子或者说硬核。其含油量为 20%，而且有 99% 的橄榄都被拿来压榨橄榄油。将橄榄泡软后去除其硬核，对剩下的浆状物进行冷榨，从而取得风味最佳的低酸度初榨橄榄油。之后对剩余物质进行热榨产出的是等级较低的橄榄油以及二次油，或者又叫橄榄油渣。橄榄油渣被拿来制造香皂，而橄榄油压榨行业有时也会将橄榄的硬核烧掉为加工过程提供热量。尽管橄榄推动地中海地区经济发展的历史已有 5000 多年，但在公元前 5 世纪的时候，希腊作家希罗多德却宣称全世界除了雅典，没有任何地方还有橄榄树。橄榄的稀有甚至使得他建议一个遭遇谷物歉收的殖民地以后用橄榄木代替石头来雕刻神像。

传说宙斯之女雅典娜女神在雅典卫城令一棵橄榄树破土而出，给雅典人带来了橄榄。这棵树也成了其他所有橄榄树的祖先。这份传说中的礼物，使雅典人永远地沐浴在了雅典娜的恩惠之中。

公元前 1120 年左右，随着迈锡尼文明的衰落，古希腊城

脆弱的古树

耶路撒冷主要墓地之一橄榄山山脊上生长着的橄榄树。由于这些树没有年轮，因此很难确定其树龄有多少岁。

和平的象征

圣经故事说，大洪水期间，诺亚从他的方舟上放飞了第二只鸽子，后来这只鸽子衔回了一根橄榄枝。而在美国独立战争当中，大陆会议于 1775 年签署了《橄榄枝请愿书》，以避免与英国爆发全面战争。从圣经故事到美国独立战争，橄榄枝都被作为和平的象征。联合国的宗旨为维护国际和平与安全，其旗帜是以北极为中心的世界地图，周围环绕着具有象征意义的橄榄枝。

邦这一松散的联邦开始逐步兴起，希腊即是这个联邦的文化与经济中心。尽管包括敌对的斯巴达在内，古希腊各个城邦之间常常会发生战争，但它们仍然会联合起来，一起应对外部威胁。如在公元前 6 世纪末期，波斯王朝威胁其崛起时，情形便是如此。

雅典的统治者是拥有土地的富有"僭主"（拥有绝对不受限制的权力的人）。在公元前 6 世纪 40 年代，古希腊僭主之一——庇西特拉图——给橄榄树这种要花十年才能真正长成的树木带来了足够长久的政治稳定，使得橄榄树林得以成长起来（不过这批树最终却被古罗马将军苏拉拿来做成了攻城槌和长梯围攻雅典）。慢慢地，僭主的统治让位于一种更为集体合作的形式，由一群议员来投票进行执政。自由的民主议员（英语为 democrats，来源于 demos 和 kratos，分别意为人民和权力）的出现在某种程度上来说，反映了雅典不断增加的社会财富。而这一进程在 19 世纪的美国身上，也可以找到相似的痕迹。

古希腊人为世界上第一个民主制度的诞生扫清了道路，同样地，他们也创立了后来世界上的第一个国际体育盛事。为纪念雅典之父宙斯，奥林匹克运动会每四年举行一次。运动员们聚集在雅典，参与现代人也非常熟悉的各个项目的比赛，如投

地中海的奇迹

地中海周边许多富产橄榄油的国家都是以其"绿色黄金"橄榄为基础建立起来的。

难以捉摸的主题

就在雷诺阿挣扎于如何捕捉橄榄树的形象时，凡·高早已对橄榄树默然于心，从他 1889 年创作的《橄榄树》当中就可以看出这一点。

标枪、掷铁饼和竞跑。雅典人不仅在体育比赛场上表现出色，而且在三个世纪之后，建造了帕台农神庙，给建筑领域留下了标杆之作。在 2000 多年以后的英国乔治王时代，这座神庙被认为展现出了"正确的"建筑比例。20 世纪，石油将阿拉伯诸国变成了世界上最富裕的国家。而在一定程度上，橄榄油也用同样的方式将古希腊发展成为一个艺术、体育以及民主的超级大国。

运输如此大数量的橄榄油要求有新的工艺和技术——交易的货币、运输的船舶、保护商船免受海盗劫掠的海军船舰（雅典拥有一支非常强大的海军），以及制作盛放橄榄油的陶罐的陶工。除了制造实用物品，这些陶工还创造了独特而优美的陶瓷艺术，制造出了装饰着日常生活和神话传说场景的各种盘子、碗、水瓶以及杯子。

希腊的土壤过于贫瘠多石，难以种植谷物，但生产橄榄油所获得的收益使得它可以在自己的殖民地当中种植小麦。从公元前 8 世纪开始，古希腊人将自己的势力范围扩展到了西班牙、法国南部地区、意大利南部地区、北非和尼罗河三角洲、黑海以及爱琴海。各地都拥有自己的重要港口，如拜占庭（伊斯坦布尔）、加的斯、巴伦西亚的萨贡托、卡拉布利亚的克罗顿、克里特以及塞浦路斯。从地方政府的管理模式到这些新城市的街道布局，每个殖民地都克隆了其模板雅典。

1971 年，作家爱德华·许亚姆斯在其著作《造福人类的植物》当中提出，撇开雅典娜与她的礼物的传说不谈，橄榄树直到公元前 700 年才出现在古希腊。这种树落地生根，促进古希腊经济发展之后，就被传播到了地中海一带。雷诺阿在普罗旺斯的橄榄树林的祖先是乘着停泊在当今马赛港的一艘希腊船来到这里的。公元前 370 年左右，意大利还没有橄榄树。但得益于希腊人的功劳，这个国家花了两个半世纪的时间，化身成为世界主要橄榄油出产国。

15 世纪，引领欧洲大航海时代的船只在海上展开了自己的风帆，橄榄树苗也被传播到了全世界。然而今天，尽管西班牙、意大利、土耳其、希腊、突尼斯、摩洛哥、日本、南非、印度、中国、新西兰以及美国加州都种植橄榄树，地中海国家仍然占据了全球橄榄作物的最大份额——80%。

希腊黄金

橄榄的含油量约为 20%。其第一次榨油是冷榨，产出的是质量最高的初榨橄榄油。之后榨出的油品质量等级较低。

菜籽油

14 世纪中叶时，荷兰已经开始种植油菜籽，这里的农民教会了法国、德国和英国的农民如何才能最好地收获这种作物。1854 年之前的几个世纪，经济贫困的家庭一直依靠橄榄油或菜籽油（臭牛油）作为灯油。渐渐地，燃烧更干净的油品，如椰子油和棕榈油取代了这些植物油。1854 年，人们发现可以对石油进行提纯，制造高品质石蜡，改变了这一局面。

稻子
Oryza sativa

原产地：亚洲
类型：稻属禾本植物
高度：2—5 英尺（约 0.6—1.5 米）

◉ 食用价值
○ 药用价值
◉ 商业价值
○ 实用价值

稻米与小麦一样，同是世界上最重要的粮食作物之一。它改变了全世界的地理风貌，并通过 20 世纪规模最大的社会革命供养了人口最多的国家——中国。有人将全球变暖归咎于它，但真正有错的可能并不是传统的稻田，而是统计学家。虽说一年之计，莫如树谷；十年之计，莫如树木；终身之计，莫如树人，但空谈也是煮不熟饭的。无论一个人多么有教养，总归要吃饭填饱肚子。

全球性农作物

稻子的种类主要有四类——种在山区的旱稻、种在浅水中的雨养水稻、插秧种植的灌溉稻和种植在河口及有天然洪水地区的深水稻。稻子是世界上连续种植历史最悠久的谷物，种植国家超过 100 个。为了种植这种世界上最重要的农作物之一，东南亚、美洲、非洲、澳洲和南欧（尤其是意大利）拿出了 460 平方英里（约 1200 平方公里）的土地作为稻田。不仅如此，稻米产量占全球谷物产量的 30%。而且得益于新品种的问世，其产量在过去 30 年中足足翻了一番。然而到 2025 年左右，全球将新增 15 亿人口以稻米为主食。

在干旱地区，稻子的生长类似小麦或大麦。而在湿润条件下——这占全球稻米生产条件的 90% 以上——稻米则生长在水田里。全球有大约一半的稻米采用手工收割，而且是由收获它们的人吃掉的。稻米的种植十分辛苦，是一种劳动密集型产业。种植水稻时，种子要先在温床上发芽，然后在 4 个礼拜后种到室外温度越来越高的水稻田里。其生长需要 90—260 天，种

子则在开花后30天
左右长成，在其茎
秆顶部的无数稻穗
中形成米粒。通常，
负责插秧和除草的
是女性，男性则负
责灌溉和耕地。水
稻田中最理想的役
畜曾经是，现在仍
然是水牛。这种动
作迟缓的动物可以
在拉犁的同时给农
作物施肥。

　　小麦改变了西
方世界的地形地貌，水稻那小小的米粒也用同样的方式主宰了
亚洲大部分地区，特别是水稻田的地形地貌。尽管韩国拥有当
今世界最古老的水稻田，但这一种植形式最早大概是起源于中
国。稻米在9月的时候收获，并在拿到市场上销售之前放在太
阳下晒干。在爪哇岛这样的地方，稻田依山势建成梯田的形式，
供奉着稻神的庙宇点缀其中。这些梯田周围环绕着堤岸或者泥
砌的矮墙，依赖灌溉水。每年春天，人们都会在5月往田里引水，
然后修复堤岸和插秧。

　　稻子改变的不仅是远东地区的地貌。"夏季时，稻谷的波
浪绵延千里田野。"——这个场景描绘于19世纪30年代，讲
述的是南卡罗莱纳州从北方的恐怖角到南方的圣约翰河之间下
游河流的景象。《美国月刊》的记者G. S. S.在1836年10月
刊上的《素描桑堤河》一文中说，"稻田的风景"看上去"平
坦而又浑然一体，眼睛顺着河流上下凝视，这一景象绵延数里
而不断"。在美国内战以及奴隶贸易消失之前，稻米对于南卡
罗莱纳州以前的潮汐性沼泽地区来说是一门很大的生意。17世
纪80年代，马达加斯加一位船长送给一个叫亨利·H.伍德沃
德一些稻米种子，使后者得以将这种植物引进到了美国。黑人
奴隶在河口开荒，开垦出水田，种上稻米。这些黑奴被装在船上，
从西非和西印度群岛运到这里，等待他们的是繁重的劳动。他

一年之计，莫如树谷；十年之计，莫如树木；终身之计，莫如树人。
——中国古代名言

们需要清除原生植被，开挖沟渠以及建筑防洪堤，建设绵延数英里，随潮汐涨落而注水和排空的水田。这些依靠水力的稻田产量喜人，到18世纪30年代，美国查尔斯顿的稻米销售量已然超过了2000万磅（约9072吨）。南卡罗莱纳州这种地貌的变化一直持续到美国内战时期。在此之后，再也没有人被强迫着从事维护稻田的繁重劳动。后来，在19世纪90年代的时候，一系列飓风彻底摧毁了这里的稻田。

稻米在世界上任何一个地方都不像在中国这样给土地留下了如此深刻的印记。以拉丁美洲为例，尽管这里为了种植稻米而砍伐了大片热带雨林，种植了全球75%的旱稻，但亚洲的农民却种植了全世界90%的稻米，而且在全球约7.1亿万吨的稻米总产量当中，中印两国的稻田就占了一半以上。19世纪末20世纪初，中国正试图摆脱鸦片贸易的泥潭，这为20世纪最剧烈的社会变革扫清了道路。这场革命受到了稻米的驱动，而

碾米

这幅版画取自日本浮世绘画师葛饰北斋（1760—1849）所创作的《富岳三十六景》。该画创作于1826—1833年之间，展现了日本的传统碾米方法。

且得到了"伟大的导师、伟大的领袖和伟大的统帅"毛泽东的领导。

1931 年的江西，毛泽东这位湖南农民的儿子和朱德所领导的反对国民党统治的共产主义政权陷入了风雨飘摇的境地。面对蒋介石发起的围剿，共产党做出了一个出人意料的举动——他们拿起自己的大米和武器，向西躲避，开始了一场长达 6000 英里（约 9700 公里）的征途。10 万大军面临着拦在前方的 18 座大山，身后还有国民党的穷追猛打。尽管经历了一路艰险，但仍然有 2 万人在这场后人口中所称的长征当中幸存了下来，于 1935 年抵达陕西。1937 年 7 月，日本这个同样依赖于稻米的国家发动了侵华战争。迫于抵抗日本的需要，国共两党达成了合作。1945 年 8 月 6 日，美国在广岛投下了第一枚原子弹，导致约 15 万人丧生，促成了"二战"的结束。此后，国共双方再度爆发了激烈的交战。随着中华人民共和国于 1949 年 10 月 1 日宣布成立，中国成为世界上最大的社会主义国家。

20 世纪末，研究气候变化的科学家们发现，甲烷是造成温室效应的一大因素，因而围绕水田出现了一场不同于以往的争论。西方科学家将 18% 的温室气体归咎于牲畜的饲养，并且提出结合了水牛粪便、水稻秆以及根茎分解的传统水田向大气中释放了 3780 万立方吨的甲烷。然而，印度科学家的研究则显示，该数据至少可以减小到 10%。他们说，问题并不是出在水稻田上，而是统计时所采用的样本范围太小。

维生素 B1 缺乏症与糙米

19 世纪时，社会上兴起了一股不吃糙米，改吃去除了米糠的白米或曰精米的风潮，这在亚洲尤为明显。糙米当中含有维生素和蛋白质。这些物质的缺乏导致了亚洲人维生素 B1 缺乏症发病率的提高。该病的英语"Beriberi"来源于锡兰语中的"不能不能"，指的是维生素 B1 跟其他维生素缺乏所带来的无力症状，其症状包括极度的疲乏。这在亚洲是一种常见病。

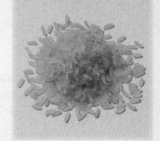

罂粟

Papaver somniferum

原产地： 由土耳其向东，尤其是阿富汗、印度、缅甸和泰国
类型： 一年生直立速生植物
高度： 3英尺（约1米）

○食用价值
●药用价值
●商业价值
○实用价值

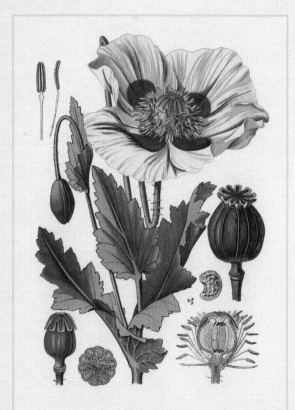

历史证明，罂粟既是上天的一份礼物，也是一种诅咒。自新石器时代开始，人们就认识了它的治疗成分吗啡，用它来缓解剧痛。与此同时，它的衍生物海洛因则给西方带来了噩梦一般的影响。曾几何时，不论是哺乳期的母亲还是婴儿，都会服用鸦片。可以说，正是它改变了中国这个世界上人口最多的国家的历史发展进程。

伪装的美

罂粟之美会令人放松警惕，它与虞美人同属一个家族。几个世纪以来，罂粟那或白，或粉，或红，或紫的花朵一直被人们拿来装饰花园美丽的边界，它们晒干的花柄也被显眼地插在高级会客厅的插花里。罂粟的花朵凋谢后，会长出一个膨大的种球，就好像一个倒置的顶部带着穗的胡椒瓶。这个种球会将体内大量黑色的小种子像盐瓶撒盐一样撒播出来。不过在最后成熟的阶段，种球会产生一种奶白色的具有麻醉作用的汁液。这种汁液就是鸦片、吗啡以及海洛因的来源。

晚上，划伤成熟的罂粟种球表面，等到清晨将经过一夜从伤口处渗出的汁液收集起来就得到了生鸦片，完成了鸦片的收获。这些汁液被从罂粟身上刮下来，滚成丸子，放在太阳下晒干。生鸦片中含有吗啡、可待因与蒂巴因。其中海洛因就是用吗啡制造的，而可待因与蒂

巴因则均是可以缓解疼痛、引发深度困倦的生物碱。人类使用鸦片的历史至少已有 6000 多年，新石器时代在东欧和南欧一代的游牧部落则在这个过程中发挥了主要作用。古希腊人赞美其在医疗中的镇静作用，古罗马人则跟 19

世纪的威尔基·柯林斯、塞缪尔·泰勒·柯尔律治、查尔斯·狄更斯、珀西·比希·雪莱和托马斯·德·昆西等文学大师一样，都十分熟悉这种东西。不过，最早传播鸦片的实际上是阿拉伯商人。他们在沿陆上贸易路线行商的同时，将鸦片带到了东方的中国和西方的欧洲。

　　1874 年，海洛因首度在德国实现了分离。在早期试验当中，有些试了这种物质的人说它令自己感觉像英雄一般（heroic），因而海洛因在英文当中被称为 Heroin。很快，海洛因被作为一种吗啡的非成瘾性替代品推向了市场。20 世纪早期，美国人在试图治愈一种顽固性咳嗽时发现其止咳药具有非常奇怪的成瘾性。之所以如此，是因为其有效成分当中含有海洛因。大约半个世纪之后，对海洛因和吗啡上瘾的士兵数量引起了美国当局的警觉。1971 年的一份国会报告提出，参与越战的美国军人当中有 15% 已成为海洛因成瘾者。近来，随着海洛因成瘾的原苏联士兵从阿富汗战争当中归来，俄罗斯已成为人均海洛因吸食量最大的国家。截至 20 世纪末，西方国家约有 800 万年轻人遭受着海洛因成瘾之苦。

　　然而相比 20 世纪初中国染有海洛因之类鸦片类毒瘾的人口数量，这简直不值一提。在当时，中国有超过四分之一的成年男子都在吸食用罂粟制成的麻醉毒品。在此之前和之后，全

良药与毒药

　　鸦片在医学领域有着悠久的使用历史，而罂粟则是大约 25 种不同生物碱的来源。这些生物碱包括治疗肠道问题的罂粟碱、治疗心脏疾病的戊脉安、止痛并且能治疗咳嗽和感冒的可待因以及用于缓解疼痛的吗啡。吗啡与许多其他天然药物不同，无法通过化学实现合成，而且必须用罂粟才能提取出来。海洛因采用吗啡制成，一开始也是被当作一种药物，但现在它在全世界大部分国家都遭到了禁用。

世界都未曾有过如此高水平的大众毒品成瘾现象，也没有任何一种麻醉剂像它给中国所造成的重创这样大。随着鸦片的影响渗入了中国社会的方方面面，这个国家也走向了极度孱弱，不堪一击，进而遭到了日本等侵略者的侵略。

感染中国的毒品之源并不在其国内，而在印度。卡特尔联盟控制了鸦片的供应，并将不幸带给了印度的罂粟种植者和中国的鸦片吸食者。它们是包括英国、法国以及美国在内的西方国家的秘密代表。任何一个坚持不懈的历史学家都可以将问题的源头追溯到 15 世纪 90 年代。当时，葡萄牙航海家达·伽马驾船航行到了好望角地区，进入了贸易繁荣的印度洋。达·伽马在东西方之间开拓了一条全新的海上航线。而在当时，欧洲人对于生活在地球这一端的人怀有一种令人难以想象的奇怪观念。欧洲中心论的观点认为，非洲、印度以及东方充斥着愚蠢和愚昧的土著人，很容易就会受到蛊惑，拿自己贵重的香料和贵金属换回廉价的珠宝和不值钱的小摆设。而此后的四个世纪当中，这种欧洲中心论的观点并未出现太大的改观。欧洲人还认为，"东方"会欢迎西方的尖端技术。

达·伽马在非洲、印度与中国之间航行，从事利润丰厚的贸易，买卖食盐、黄金、象牙、乌木、奴隶、陶器、玛瑙贝壳、珠串以及丝绸。葡萄牙及其在伊比利亚半岛上的姊妹国西班牙十分迅速地垄断了这些商品在东西方之间的海上贸易。然而最终，荷兰、法国和英国的贸易商还是不可避免地开始强行参与到这些贸易活动当中来。

尽管非洲国家与印度都乐于跟中国开展贸易，但事实证明，中国并不是一个大方的贸易伙伴。自给自足的中国人享用着自己的丝绸、瓷器与茶叶，尽管他们喜欢在商品交换当中得到银条，但基本上不需要西方的任何东西。1793 年，英国大使马戛尔尼勋爵访问中国，希望能在双方之间达成某些贸易互惠。马戛尔尼是一个老派的欧洲人，认为自己的谈判对手是一批封建制度下的神秘东方人。他相信，只要他们看到西方拿出来的东西，就会打开国门跟西方进行贸易。

然而中国清政府的统治者并不是如此轻松就会被诱惑的人。虽然马戛尔尼送上的机械钟表令他们感到很满意，但这位勋爵在他们眼中不过是一个有着小小要求的地方长官。而且他

们并不认为自己是什么东方人，而认为自己的王朝位于世界的中心，稳定、安全，而又自给自足。一位清政府代表甚至安慰马戛尔尼，同情"汝之岛屿远隔重洋，偏远孤绝于世"。

可更值得注意的是，已经统治了中国 1000 多年的这种社会制度将在此后 50 年内屈服于外来的罂粟花。

毒害人民

中国拒绝建立贸易关系的态度使得西方国家通过贸易盈利的可能化为了泡影，但这些国家却建立了自己的贸易路线，从葡萄牙控制下的巴西带来了烟草，又从英属孟加拉带来了印度鸦片。这二者是一种强有力的组合。1757 年，英国将军罗伯特·克莱夫在印度普拉西击败了印度莫卧儿王朝的军队。此后，英国控制了孟加拉的罂粟田。同时，英国东印度公司在英国政府的保护下，在印度进行有组织的鸦片收购和加工活动，将罂粟种植者置于其奴役之下。该公司十分谨慎，从不自行运输鸦片，而是使用配备了快船的独立代理人，通过港口将鸦片运入中国。这家公司和任何一家卡特尔联盟的老板一样，犯下了非法毒品买卖的罪行，然而这种组织方式却使得他们可以免受毒品走私的指责。随着船只不断悄悄溜进和溜出中国的港口，以及需要收买来向上层否认鸦片贸易存在的中国官员越来越多（越来越多的中国官员被收买，向上级隐瞒鸦片贸易的事情），东印度公司控制了鸦片的供应，以及更重要的一点——价格。

18 世纪时，鸦片买卖可谓暴利，就跟 21 世纪的霹雳可卡因一样，其巨大的利润很快就将世界各地的商人吸引了过来。抢夺市场的白土开始从印度西部地区渗透进入中国，金花土则开始乘着美国投机商的船只到来。随着黄色的鸦片越来越多地涌入中国，鸦片价格不断下降，成瘾人群的比例也不断上升。

中国当局试图抵挡这一趋势。早在 1729 年，清帝就下诏

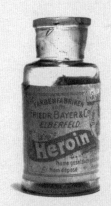

瓶中信

德国药企拜尔药业在将海洛因撤下货架之前，在市场推广中称它是一种没有成瘾性的咳嗽药。吗啡是由弗里德里希·威廉·舍特呐从鸦片当中分离出来的。

禁烟，然而大量人口吸食鸦片已然开始渗透和动摇中国社会生活的方方面面。最终，禁烟运动的努力遭遇了列强的炮舰外交。19 世纪 40 年代早期和 1856 年，英国人在本国政府的大力支持下，向中国派出了战舰，维护其所谓的"贸易权"。由于中国的武器装备十分落后，根本不是英军的对手，导致它在两场鸦片战争当中均遭遇了失利，而且每次战败之后，进入中国的鸦片数量都会急剧增加。

在当时，中国的人口增加到了 4.3 亿。清政府统治者（1644—1912）稳定的统治曾一度给这个国家带来繁荣，使她经历了人口的大幅增加。然而，这里的农民却在挣扎着喂养如此众多的人口，同时这个国家还正在陷入鸦片的泥潭之中。1850—1864 年，中国爆发了名为太平天国运动的农民起义。这场起义的爆发毫不令人感到意外。他们夺取田地，驱逐地主，将这些农田根据其品质及其潜在产量划分等级，并将其管理权交给了社区。

外国势力

虚弱的清政府不得不转而求助于自己曾十分鄙视的外国势力来镇压太平天国运动，并取得了法国、美国以及英国在后勤和技术方面的帮助。清政府的这些新盟友当然很乐意与之合作，不过他们的合作却是有条件的。他们坚持要求清政府作出重大的让步——使鸦片合法化。尽管十分不情愿，但最终中国还是同意了这个条件。

最终，鸦片渗入了中国社会的方方面面，使其丧失了主权。19 世纪末，中国走向了衰落。其最后一个皇帝，尚未成年的溥仪于 1912 年退位。直到第二次世界大战爆发，中国的鸦片问题才最终得到控制。

现在，轮到西方世界来应对一种可能比鸦片的破坏力更强大的毒品了。这种毒品就是海洛因。20 世纪早期，海洛因在美国和西欧成为一种越来越受欢迎的娱乐性毒品。一开始，海洛因直接

噩梦

1870 年拍摄的鸦片吸食者。鸦片的流入重创了中国的经济，为其农民运动和共产主义的兴起铺平了道路。

来源于饱受鸦片蹂躏的中国。在这种情况下，随着海洛因加工点的建立，有组织犯罪的黑帮也参与其中，贩卖毒品，并将利润洗白。第二次世界大战爆发后，美日之间的战线以及中国共产党对毒品交易的大力剿灭切断了这些海洛因的供应。

第二次世界大战之后，意大利黑手党、拉丁美洲以及远东的贩毒集团控制了海洛因的交易。到20世纪末，这其中也出现了阿富汗贩毒集团的身影。

纪念之花

不过，在故事的最后，还要说一说一种名为虞美人的罂粟科植物。1920年，一位名叫莫伊纳·贝利·迈克尔的美国教师开始用它来作为一种纪念的象征，向友人售卖丝绸制成的虞美人来为伤残军人筹款。她的灵感来源于曾在"一战"期间担任加拿大军医的约翰·麦克雷的一首诗，诗中写道："你们若辜负死去的我们；我们将不会安息，尽管虞美人，染红法兰德斯战场。"

黑胡椒

Piper nigrum

原产地：印度
类型：热带常绿藤本植物
高度：高至 23 英尺（约 7 米）

◎食用价值
◎药用价值
◎商业价值
◎实用价值

黑胡椒粒是厨房当中最有价值的香料之一。从一定程度上来说，正是得益于利润丰厚的胡椒贸易，银行业才在威尼斯站住了脚跟。

从价值千金到唾手可得

地中海的众多国家和岛屿有着丰富的古代建筑，这是曾主导欧洲几个世纪之久的超级大国所留下的遗迹。中世纪时，他们的航海家驾驶着小破船组成的船队开拓大西洋。驱动他们的是一种特殊的植物——黑胡椒子的源头。然而，他们最终找到的却是美洲。

14 世纪，当杰弗里·乔叟笔下的角色在他的名著《坎特伯雷故事集》当中踏上旅程时，这位英国诗人将他们的出发地设定在伦敦城的穷人区——萨瑟克的胡椒巷。胡椒巷、胡椒门、胡椒路，在中世纪的欧洲，似乎每个城市都有至少一个区域是用这种常见的花园香料命名的。这是为什么呢？因为除了妓院、逗熊广场和公共浴池，每个镇子都有自己的胡椒街，香料商人聚集于此售卖货品。而这里的香料之王和最贵的商品便是黑胡椒。

中世纪的街道上每天都充斥着臭气，而在销售的所有香料当中，辛辣的胡椒大概是唯一一种即便街道上臭气熏天，也掩盖不住它的香气的商品。不过在 1782 年，大众诗人兼圣诗作者威廉·考珀在自己的《席间闲话》中却写道："……这个国家的桂冠诗人／作出了免役税的颂歌／赞美的象征。"

此时，黑胡椒已成了鸡毛蒜皮的象征。这种香料之王的价值下跌得如此严重，被拿来指代支付地租的小数目。其英语 Pepper 也进入了军队用语，形容用大炮发射铅弹攻击敌人的动作。瑞典人解雇人的时候会说 draåt skogen dit pepparn växer，即去黑胡椒生长的森林，而威尔士人形容口若悬河的邻居时则会称他们 siarad fel melin bupur，即说起话来一刻不停，跟胡椒磨似的。

在罗伯特·克莱夫（即印度的克莱夫）的领导下，英国人在东方打败了莫卧儿王朝的统治者纳瓦卜西拉杰·乌德·达乌拉，并开始在当地收税，从这片新领地获得了大量财富。这一历史性事件发生之后不久，考珀就拿起笔走上了写作的道路。此时，欧洲人在印度取得了稳固的贸易地位，要想获得黑胡椒就比过去容易得多了。

水手的黑胡椒

黑胡椒子这种小小的果实外表布满褶皱，毫不起眼，是藤蔓植物黑胡椒的果实。在印度部分地区仍然生长着野生的黑胡椒。在木桩或棚架的支撑下，黑胡椒的藤蔓会在生长至第 3 年的时候长出长穗，穗上结有小果实，并将连续结果 15 年左右。黑胡椒子在藤蔓上成熟时会变成红色。把它们采摘下来浸泡在水中，就可以磨掉其外层的果皮，露出其中的白色胡椒子。而黑色的胡椒子则是在果实尚未成熟之时采摘下来的。其中的胡椒子仍然包裹在果皮之中，放在阳光下晒干，果皮就会起皱。

在印度当地人眼中，黑胡椒不过是众多给食物调味的香料之一。而对中世纪时的欧洲人来说，黑胡椒却已然成为烹饪的基本调料。在厨房当中，黑胡椒对于厨娘来说就跟她用来保存肉类和蔬菜的食盐一样不可或缺。每一座农舍都有一张石板制成的腌菜桌用来腌制肋排肉，在这里腌好的肉会被挂到厨房天花板上的钩子上。在火炉旁的墙上，每一个农户都有自己的盐柜，用来保持食盐的干燥。另外，每间厨房都有自己的胡椒瓶。有时，这些胡椒瓶是满的，但大部分时间都是空的。黑胡椒对于中世纪的饮食有着至关重要的作用，因而其价格是其他香料的十倍之多。

据说 17 世纪时，任何一个有自尊的水手在出海之前都会

印度还是新大陆？

1492 年，意大利热那亚探险家哥伦布率尼尼亚号、圣玛利亚号和平塔号三艘船起航寻找传说中通往中国和东印度群岛的海上捷径，并且期望能找到一条获得印度胡椒的新航线。哥伦布登上陆地后曾十分惊喜地说道："世界很小。"他深信自己环游了世界，抵达了"印度群岛"或者说亚洲，并将自己首次踏足的地方命名为"西"印度群岛，并称当地土著为"印度人"，认为他们是印度群岛的原住民。实际上，哥伦布登陆的地方是巴哈马群岛，他是继维京人之后第一个抵达美洲大陆的欧洲人。意大利航海家亚美利哥·韦斯普奇指出，哥伦布实际上发现了第四大陆，并将这片大陆以自己的名字命名为美洲。

火辣的买卖

　　欧洲雕刻家特奥多尔·德·布里的作品展现了 16 世纪 50 年代时，来自中国的胡椒商人在爪哇岛称量售卖黑胡椒的场景。这证明，中国人早在欧洲人踏足这个地区之前就在开始这里推销黑胡椒了。

戴上一只金耳环。这样如果他发生不幸——这种情况时有发生——跟他同船的船员就可以拿这只金耳环换回足够的钱，让他体面地下葬。不过海上考古学家发现，水手们很可能拿的是一皮袋更贵重的东西——黑胡椒。

威尼斯商人

　　曾经，通过陆上贸易将黑胡椒从其产地带到其最终的归宿胡椒瓶当中不仅路途遥远，而且十分辛苦。黑胡椒的首个贸易地点是印度的市场，然后人们把它装到骡子和驮马身上，经由伊朗、伊拉克以及叙利亚，一路驮到巴基斯坦和阿富汗的崇山峻岭当中。在这里，黑胡椒借道土耳其或者经陆路的巴尔干诸国被运到 16 世纪时的贸易枢纽——威尼斯。

　　威尼蒂人是生活在意大利北部的一个小部落。为了奖赏他们对于古罗马帝国的忠诚，古罗马统治者将意大利东北部地区亚得里亚海沿岸的沼泽地带和潟湖作为礼物封赏给了他们。尽管偶尔会遭到哥特人和匈奴人的侵略，但该地区地处盛产香料和缺乏香料的西方之间，拥有不可或缺的贸易地位，这里的人民也借着这种地位发展壮大起来。9世纪的时候，威尼蒂人在其总督的领导下，建立了一座名为圣马可共和国的城邦，这个城邦还有一个更为响亮的名字——威尼斯。

今天的威尼斯是一座优雅的小城，面向着会定期淹没其街道的大海。16世纪早期时，这里的船夫驾驶的并不是花哨的漆着漆的木制贡多拉，而是结实的商船。这些船造就了威尼斯，使其成为古雅典时代之后最强大的海上帝国的领袖。

威尼斯人统治了威尼托省以及贝加莫、布雷西亚、帕多瓦、维罗那和维琴察等收入丰厚的城市，并且还占据着达尔马西亚沿岸的大片土地跟克里特和塞浦路斯等一派兴旺的贸易群岛。作为拜占庭帝国权力的象征，青铜马曾树立在君士坦丁堡竞技场的门外。而在当时，威尼斯人在十字军洗劫君士坦丁堡的行动中收获颇丰，并将青铜马移到了威尼斯的圣马可广场。今时今日，这些青铜雕塑仍然树立在这座广场上，象征着拜占庭帝国的失败。

这座城市当中手握大把现金的商人们纷纷开始兴建奢华的宫殿和精美的教堂，以感激上帝给他们带来的黑胡椒等商品。与此同时，这座城市的先辈们则致力于将其惊人的财富运转起来。他们发展出了最早的银行体系。尽管威尼斯出台了多项禁止高利贷的法令，但这里的银行家却是中世纪世界中最成功的银行家。佛罗伦萨·科西莫·德·美第奇十分谨慎地管理着美第奇银行，在日内瓦、伦敦、罗马、米兰、比萨等地，当然还包括威尼斯，开设了分支机构。

直到奥斯曼帝国开始遏制威尼斯的贸易活动，还有西班牙、葡萄牙、荷兰、法国以及英国开始去别处寻找昂贵的香料，威尼斯的银行业才开始陷入困境。葡萄牙人勇敢地穿越了印度洋，绕行好望角，从香料产地购买香料。而西班牙人则抵达了美洲。黑胡椒的价格涨了起来，甚至曾一度比肩黄金。而早在哥伦布出发前往印度群岛之前，威尼斯的银行业就已崩溃。

黑胡椒

黑胡椒攀缘的藤蔓会结出大量黑胡椒粒果实。如果将这些果实在尚未成熟的情况下采摘下来放到太阳底下晒干，其表皮会收缩，并变为黑色。

变化是生活的调味品，
为生活带来所有的味道。
——摘自《任务》（1785），
威廉·考珀著

夏栎

Quercus robur

原产地：欧洲、俄罗斯、西
南亚、北非
类型：落叶乔木
高度：125 英尺（约 38 米）

◎食用价值
◎药用价值
◎**商业价值**
◎**实用价值**

夏栎（俗称橡树，以下均称为橡树）是树中的巨人，被人类拿来建造城堡、教堂以及战舰。大部分橡树逃过了人类的掠夺。然而在葡萄酒生产工业的影响下，它的近亲西班牙栓皮栎就没这么幸运了。

橡树中的精髓

19 世纪时，从建筑、运输到取暖、印染、包装，再到上百万加仑啤酒、葡萄酒和烈酒的运输，太阳底下的一切活动都离不开一种有限的资源。缺了它，工业难以正常运行。然而，这种资源却在迅速消失。这种珍贵的资源就是橡树。

据说，橡树这种森林之王可以存活千年以上，高度可达 125 英尺（约 38 米）。成年橡树通常是大量不同野生物种的栖息地。尽管橡树要生长 150 年才适合拿来建造房屋，但这漫长的等待却是物有所值。英国军事家纳尔逊将军的旗舰"胜利号"建于 1759—1765 年之间，在建造时使用了大约 5000 棵成年橡树。

对于体型如此巨大，寿命如此长久的树来说，橡树的自然繁殖能力极为薄弱。首先，它要生长足足半个世纪才会第一次结出含有种子的橡子。其次，从树上落下的成千上万颗橡子要么会被动物吃掉，要么就直接腐烂成泥。这样，这种乡间巨树就只能依靠那些把橡子埋到地下以备将来享用的健忘的松鼠或者松鸡才能延续自己的生命了。

橡树的故事是我们在环境方面最早的成功案例之一。没有人类时，这种树的生长一片繁荣。然而迅速增加的人口给它带来了越来越沉重的压力。大约 6600 万年前，橡树与北美红杉以及南方山毛榉一起诞生在地球上。100 万年前，这种树犹如地毯一般，覆盖了整个欧洲大陆。然而随着人类的砍伐，这种景致也逐渐消失了踪影。

橡树被新石器时期的人类制造成了圆形巨木阵。这之后过了 500 年，它又出现在青铜时代的一大技术进步——车轮——当中。经过橡木丹宁的处理，动物的毛皮可以拿来做成衣服。橡木还被制成木炭，它重量轻，便于运输，而且可以产生足够的温度，熔化珍贵的金属。当古罗马人从欧洲奔袭而过，在这片新领地上劫掠天然资源的时候，他们拿橡木建造了要塞、船只的龙骨以及大量的木炭，来提取铅、黄铜、青铜、铁、锡、黄金以及白银，这几乎使不列颠南部的橡树消失殆尽。

黑死病引发了人口的大幅减少，令橡树暂时得以喘息。然而古老的橡树林已然遭到了摧毁，只剩下残存的林地和脆弱的树木。在《圣奥古斯丁的橡树》当中，英国修士兼学者圣比德提及了公元 603 年众多主教和博士参与的一场会议。而在英格兰的雪伍德森林，人们相信生长在这里的少校橡树的树龄在 800 到 1000 岁之间。

橡树的消失促使英国政治家约翰·伊夫林在 1664 年写出了其第一部林木保护指南——《森林志》（又名《林木论》）。他在书中写道："树木慢慢成长，为我们的子孙带来阴凉。"

庇护荣耀

橡树具有独特的圆形树冠，在大自然中极易辨识。其良好的硬度和耐用性保障了它的未来。

森林中唯一的王者

橡树的标志性堪比加州红杉，其象征意义则可以比肩博茨瓦纳猴面包树，它就跟澳洲本土生长的按树一样有着顽强的生命力，而且也十分结实。以橡木为框架建造的房屋具有足够的可塑性来承受地震和龙卷风的肆虐。这种

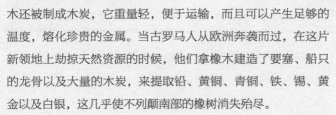

时光流过一个世纪又一个世纪，那些高大、怪异而又丑陋的橡树像男人一般站在那里等待着，凝望着，低眉驼背，一身沧桑，枝干虬曲离奇。

——《科尔维特日记》（1870—1879），弗兰西斯·科尔维特著

MAJOR OAK,   AGE 1500 YEARS, GIRTH 35 FEET, BASE 64 FEET.

古老的成员

　　少校橡树生长在诺丁汉森林附近的埃德温斯托村。这幅照片摄于1912年。这棵古老的橡树干围33英尺（约10米），据说侠盗罗宾汉曾在它繁茂的树荫下藏身。

木材具有钢材的强度，而且在房屋发生火灾时也更安全。因为钢材会发生弯曲，而橡木则只会闷烧。它的这些优点为它赢得了众多美誉，如橡木中的精髓、森林中的王者君王橡等，诗人埃德蒙·斯宾塞就称它为"造屋橡木，森林中唯一的王者"。

　　夸张之言从未改变历史的进程，但橡树做到了这一点。英国的都铎王朝就建立在橡树之上。在工业革命初期，橡树驱动了这场技术变革的发展。与流行的观点相反，这个时期的铁器制造商并未大肆砍伐橡树林为自己的工业锅炉提供燃料，而是将其作为一种可持续的资源进行了节约式的管理。此外，橡树还为英国海军装备了战舰，将这个国家变成了一个殖民者。到维多利亚女皇在1901年逝世时，英国足足统治了全世界四分之一的人口。

　　然而半个世纪之内，英国的橡树林再度遭到了大肆砍伐。其原因就是第一次世界大战的爆发。1924年英国一份林业普查报告说："战争导致了空前规模的林木砍伐，将大部分好橡树……一扫而空。"一位老伐木工人则说得更直白："再也找不到以

以鸟为友

　　小小的橡子可以成长为参天的橡树。它是松鸡最喜爱的食物之一。这种鸟会收集橡子，将其埋在森林里。

前那样的好木头了。"

不到20世纪末，橡树的数量得到了恢复。它不仅有利于气候，而且还深受建筑师喜爱，是一种可持续的木材来源。《橡树——一部英国史》的作者在书中总结说："不论是作为树种还是作为木材，橡树都拥有光明的未来。"

然而对于葡萄牙南方的栓皮栎来说，情形却完全相反。人类收割其树皮的历史已有三个世纪之久。用软木塞可以密封葡萄酒瓶，使得其中的葡萄酒的储存时间可以长达数年。这在经济领域极大地促进了葡萄酒的贸易活动。有人将这一发现归功于法国一位名叫唐·培里侬的僧侣。人们将一段段树皮从活着的树上剥下来，这会在树上留下瘢痕，但并不会造成永久性的伤害。人们先将厚重的半圆形树皮弄湿，使其平整起来，然后再从两侧开始切下成千上万个软木塞。剩余的废料被拿来制造地砖、保温材料以及瓶装啤酒锡盖内部的密封材料。

一个工人回忆说："第二次世界大战末期，你要是在南部地区开车穿行，可以在好几英里的地带除了栓皮栎什么都看不见。但即使在当时，软木塞大繁荣就已经出现了行将结束的迹象。这是因为出现了塑料制成的密封盖、软木塞以及螺旋盖。"2000年，葡萄牙的软木塞日产量仍然高达4000万个。而且尽管高大的栓皮栎仍然覆盖着中欧和南欧的大部分地区，这些树木却面临着一个充满着不确定性的未来。

种树去吧

在葡萄牙，栓皮栎森林所吸收的二氧化碳相当于185000辆汽车的排放量，它的消失将会加剧气候的恶化。早在1664年，人们就开始公开关注对传统林地的破坏以及对其进行可持续管理的必要。这一年，英国日记作者约翰·伊夫林出版了《森林志》（又名《林木论》）一书。在书中，他将橡树短缺的原因之一归咎于"耕地扩张比例的失调"。该书鼓励保护树木，带来了可持续产量这一概念的诞生。

消失的酒瓶塞

在三个世纪的时间里，得益于葡萄酒贸易活动，葡萄牙南方的栓皮栎一直被人们当作一种可持续的资源来使用。但现在，地中海地区的栓皮栎却面临着未知的命运。

狗蔷薇
Rosa canina

原产地： 欧洲、北非和西亚
类型： 多刺攀缘灌木
高度： 最高10英尺（约3米）

◎ 食用价值
◎ 药用价值
◎ **商业价值**
◎ 实用价值

作为美国最古老的观赏植物，狗蔷薇在催生最早的专业鲜花组织的同时，也成了郊区园艺爱好者的最爱之一。它在19世纪园艺热的兴起当中起到了核心作用。

成功的味道

面对现代的某些事物（比如寿险、开着装着座位的铁盒子去上班等），马来西亚游牧民族沙盖族的族人也许会心存迷茫。不过，他们跟所有人一样，都能体会到嗅觉的意义。从马来西亚的新鲜河鱼到墨尔本的外卖咖喱饭，在世界各地，味道都是商品的卖点。人类的嗅觉并没有猫狗甚至是北美的天蚕蛾发达，后者可以闻到远在七英里之外的同伴的味道。然而，芬芳永远是共通的。几百年前的纽约女性在夜晚出外找乐子之前，会用手指往手腕内侧搽点香水，这跟2500年前古代波斯女性并没有什么太大的不同。

玫瑰精油的使用正是起源于波斯，也就是今天的伊朗。传说，一位公主在自己的婚礼上注意到池塘中的一堆玫瑰花瓣在炎热的阳光下渗出了带有香气的油脂。古代波斯（以及现代印度、保加利亚和土耳其的）玫瑰精油大多提取自突厥蔷薇，深受调香师的喜爱。然而这种东西仍然极为昂贵。1液态盎司（约28毫升）的玫瑰精油足足需要耗费将近10000朵蔷薇花。

1597年，在自己的《植物志》一书中，约翰·杰勒德形容狗蔷薇是一份送给"大厨和淑女"的礼物，他们"烹制出了水果馅饼及此类供人享受的美味"。但对于生活在中世纪的自耕农的家庭主妇来说，吸引她在油菜地和豌豆地里种一两棵玫瑰的并不仅仅是这种植物的香气，而是它的药用价值。
她肯定能够分辨药剂师玫
瑰和突厥蔷薇。将前者的
花瓣压缩成珠子就可以拿
来制作玫瑰念珠，而后者
则是由归国的东征十字军
带回英格兰的，可以治疗
咳嗽、感冒以及眼部感染。
根据约翰·杰勒德的观点，
突厥蔷薇还能"止血"。
另外还有矮树篱一般高度
的浅粉色狗蔷薇。这种蔷
薇有利于治疗患有狂犬病

的疯狗的咬伤，其叶可通便，种子利尿，果实则含有非
常丰富的维生素 C。因此第二次世界大战期间，英国政
府甚至发动全国的学生去采摘它的果实，而这些人一
年的采摘量高达 250 吨。芳香疗法也很倚重这种
蔷薇的治疗作用，据说其镇静作用不仅可
以缓解悲伤情绪，而且有利于抑郁症患者。

　　如今，蔷薇家族除了其原有的 16000
个品种之外，众多全新的蔷薇品种也纷纷涌现，
它们有的甚至有着十分奇特的名称，如南非的百老汇灯光蔷薇
和追逐彩虹蔷薇。这所有的新品种全都源自欧洲、亚洲以及北
美洲的野玫瑰。这些芬芳的野生花朵的花期都很短暂。1648 年
诗人罗伯特·赫里克创作《致少女，珍惜时光》一诗时，人工
种植出来的这些玫瑰的花期仍然很短。赫里克在诗中就建议说：

　　玫瑰花开当适时而折，

　　过往时光不停飞逝：

　　今天微笑绽放的花朵。

　　明天就将走向枯萎与死亡。

　　然而随着月季的问世，一切都发生了变化。18 世纪晚期，
商人抵达了传说中的鲜花之地——广州的芳村花地，发现了种
在花盆中而且秋天仍然盛开的蔷薇品种。很快，中国的这些杂
交品种被他们运回国内进行交叉育种。

贪婪的种植者

　　重肥可以促进蔷薇属植物
的生长。19 世纪的园艺家詹
姆斯·雪莉·希伯德就曾建议
说："施肥要越多越好。"当
时，业余的玫瑰种植者所依赖
的肥料跟古希腊人使用的肥料
并无二致，仍然是粪肥和蔬菜
废弃物。1840 年到 1890 年这
50 年间，堆积成山的海鸟粪取
代了这种肥料。人们通过海运，
将海鸟粪从南美洲一路运到了
欧洲和美国。这种情况一直持
续到英国人约翰·贝内特·劳
斯发现使用磷酸盐制造人工肥
料的方法之后。为了研究，约
翰·贝内特·劳斯将自己的卧
室改造成了实验室。

纵观历史，无数名人不仅声名显赫，而且财力雄厚，让他们可以沉浸于自己的玫瑰和花园。19世纪早期，美国第三任总统托马斯·杰弗逊改造自己位于蒙蒂塞洛的住所时，给自己最爱的法国蔷薇以及其他几种当地蔷薇预留了空间。20世纪初，法国医生约阿希姆·卡瓦洛娶了维朗德里城堡的一名美国女性继承人。在他的夫人的大力资金协助下，他翻新了这座城堡。这项工程将各种蔷薇跟30000种蔬菜结合起来，创造出了世界上最奇特的花园。跟香豌豆的历史相似，这位业余园艺家给在后院和法国楼宇间的城市花园里种植的蔷薇做出了巨大的贡献。

下图为阿林厄姆（上图）所创作的《母子走进乡间农舍》。她在观察萨里郡蔷薇簇拥的农舍时并没有一味地带着乐观主义的预设立场，而是从画家的视角出发。这些农舍被从伦敦搬出来的上班族改造得一派奢华，而阿林厄姆则在他们改造之前忠实地记录下了这些当地建筑的典范。

乡间美物

画家海伦·阿林厄姆的作品表现了这些农舍蔷薇的魅力。海伦·阿林厄姆出生于1848年，原名海伦·帕特森，与艺术评论家约翰·罗斯金跟诗人阿尔弗雷德·丁尼生是好朋友。她曾在伦敦的女子艺术学院学习，并且在嫁给爱尔兰诗人威廉·阿林厄姆之前，以给杂志和书籍画插图为生。她在25岁时嫁给了时年已有50岁的威廉·阿林厄姆，并且全心投入了家庭生活。

后来，随着他们在1881年搬到了英国萨里郡的沙丘镇，海伦也开始投身于一系列以农舍为主题的绘画。这些画作后来成为阿林厄姆的个人标志。在这里，她描绘了一个宁静的世界——夕阳下，俏皮的女工在簇拥着蔷薇的农舍门廊边说着闲话（众多家装改造者对萨里郡的古老农舍进行了大量的中产阶级化改造。除了浪漫主义之外，这也令阿林厄姆感到很难过，她试图在这些农舍原有的风味消失之前记录下这些当地建筑的细节来）。有一段时期，从比利时的根特到美国的盖茨堡，业余的园艺爱好者都深深着迷于花园的魅力，纷纷大力种植蔷薇。而阿林厄姆的艺术作品则捕捉住了这个时期。

有人曾说："在花园里种着美丽的玫瑰的人，必定也心怀绚烂。"他就是风度翩翩的罗彻斯特大教堂副主教以及英国第一个蔷薇协会的主席塞缪尔·雷诺兹·霍尔，被阿尔弗雷德·丁尼生尊为蔷薇之父。19世纪60年代期间，有一次，霍尔发现自己被拉到诺丁汉给一个蔷薇展做评委。他本以为自己看到的会是乡村庄园的园艺总管尽心尽责地摆设出的一系列华丽的正式展览。但实际上，等待他的却是诺丁汉一些出租花园的园主。他们有些人连自己睡觉盖的毯子都拿了来，好保护自己珍爱的蔷薇免受霜冻。而在卡斯卡特将军山酒店举办的这次活动则是英国史上第一场全国性的蔷薇花展。

19世纪，与此类似的花展在欧洲、美国、澳大利亚以及新西兰受到了越来越多民众的欢迎。19世纪40年代，英国萨福克郡希克姆村呈螺旋上升态势的犯罪率登上了报纸头条。当地教区牧师约翰·史蒂文斯·亨斯洛神父呼吁出租花园的园主们来共同降低犯罪率。然而这里的农场主由于担心工人为了能在晚上打理自己的出租花园而在白天的时候不努力工作，因而威胁说任何租赁这些花园的人都会被打入黑名单。充满智慧的亨斯洛神父将农场主和工人邀请在一起，共同参加了这场花卉与蔬菜展。

当时，各温室已记录了1400多种不同的蔷薇品种，蔷薇已然成为北美最古老的观赏性植物。1829年，美国费城举办了第一届公开花卉展。1844年，罗伯特·比伊斯特赶制出版了《蔷薇手册》，满足业余蔷薇种植者的需求。

不过这一切并未能打动园艺家詹姆斯·雪莉·希伯德。他说："会出现这样一个问题：蔷薇园该建在哪里？是窗外目视可及之处，还是该远一些？我们的答案是'远一些'。这是因为，蔷薇的花期到来时，蔷薇园该是一处值得找寻的美景。而当花期结束时，蔷薇园就变成了一处应当避开的荒野。"

遥远的、秘密的、不可侵犯的玫瑰呵，你在我关键的时刻拥抱我吧。
——《秘密的玫瑰》（1899），叶芝作

狗蔷薇

没有任何一种杂交玫瑰的光彩可以掩盖住篱笆边生长的狗蔷薇的光彩。该画出自劳伦斯·阿尔玛·塔得玛之手，名为《黑利阿迦巴鲁斯的玫瑰》，创作于1888年。

甘蔗
Saccharum officinarum

原产地：新几内亚。现生长于美国以及远及南半球的新南威尔士等热带和亚热带地区

类型：热带植物，杆茎长，外形类似芦苇

高度：4—12英尺（约1.2—4米）

◎食用价值
◎药用价值
◎商业价值
◎实用价值

如其喝几杯搀糖的酒算是过失，愿上帝拯救罪人。
——摘自《亨利四世：第一部分》
（1597），莎士比亚著

知道什么会让人上瘾吗？海洛因、可卡因、酒精、烟草……还有糖。长期以来，白糖犹如毒品，给人类健康造成了严重的危害。考虑到白糖给人类所带来的劫难，难怪它会被人称作"白色死神"。

白色死神

在没有蔗糖的几千年里，人类文明的发展顺风顺水。然而随着它的问世，不仅有亿万非洲人被迫成为奴隶，而且消费者的健康也被它所摧毁。

在西印度群岛的甘蔗种植园中，非洲黑奴在工作的同时也进行音乐创作。他们和棉花、烟草种植园里的非洲黑奴相似，也通过歌唱来度过劳作的时光。这些音乐是现代爵士乐和蓝调音乐的源头。甘蔗种植园中的劳作节奏不同于采摘棉花或烟草，它速度很快，几乎可以说是迅疾，而且这里的黑奴的平均寿命也只有在烟草种植园工作的黑奴的一半。蔗糖在毒害其消费者的同时，也在杀死制造它的工人。

蔗糖是一种古老的食物，不过我们的加工方式却相对来说历史较为短暂。甘蔗原产于新几内亚，随着独木舟和海上漂流物穿越了印度洋。生甘蔗曾经是，而且现在仍然是一道美味。不过大约2500多年前，在印度恒河岸边的比哈尔城，人们掌握了将当地的甘蔗加工成纯蔗糖的方法。对于欧洲和西方世界来说，蔗糖经过了一段既悠久又漫长的旅程才传播过去。据说，它是直到亚历山大大帝时代结束之后不久才被传播到古希腊的。

14世纪90年代晚期，斯堪的纳维亚半岛已经出现了蔗糖

贸易，蔗糖终于抵达了欧洲。此时，威尼斯人控制了这种商品的买卖，与他们控制全世界的香料运输如出一辙。而与香料贸易的结局相类似，威尼斯人最终也丧失了对蔗糖贸易的垄断，该行业从地中海地区转移到了北方的北欧。

穆斯林人曾占据西班牙，并将其先进的农耕方法带到了这里。而在蔗糖的历史上曾有一个决定性的时刻，那就是收复失地运动期间，这些穆斯林人被基督教势力赶出西班牙时。理论上来说，收复失地运动之后，西班牙的统治者本可以采用他们所打败的敌人的方法，来种植和加工甘蔗。然而由于他们只关注东征西讨，忽视了增强国家实力，西班牙人最终将资源都投向了奴隶贸易，而不是本国的农业。

然而，15世纪90年代，就在穆斯林被赶出西班牙的同时，哥伦布正在将甘蔗的茎段运往海外。而与他们相邻的葡萄牙殖民者在自己位于大西洋上的殖民地，尤其是马德拉群岛，也已经开始种植甘蔗。他们还在其中掺杂着种上了葡萄，而这将最终造就出马德拉群岛的美酒。与此同时，西班牙人进一步将自己的甘蔗带到了加那利群岛和加勒比海一带。很快，他们就将带来另一种商品，而这种商品在之后的300年里将与蔗糖贸易息息相关，这就是非洲黑奴。此后一直到19世纪50年代，蔗糖和奴隶贸易一直都难分难解地联系在一起。

本来，殖民者是完全不必使用奴隶的。17世纪，欧洲已拥有牛队和深耕技术，这里即将出现的农业技术本可以实现同样的工作效率。然而蔗糖以及人们对它的追捧已然扭曲了历史，使其将天平偏向了奴隶制。

奴隶制不仅有着与生俱来的残暴本质，而且也被证明它不仅是一种短视的经济手段，也给社会带来了长久的灾难。把人从地球的一端偷偷抓到地球的另一端，逼迫他们劳作至死这种行为制造

精制的美味

　　几个世纪以来，人类一直在对植物进行精加工，试图制造出更加纯正的终端产品。然而对于蔗糖的精炼却导致了大量的问题。

奴隶贸易

蔗糖是一种经济回报极高的农作物，需要大量的土地和劳动力。新兴的农业方法本可以避免对奴隶的需求，然而事实证明，奴隶贸易的经济效益堪比蔗糖贸易本身。

出了在几代人身上一直延续不止的深刻仇恨。

与本书所介绍的许多植物一样，蔗糖贸易的影响既有正面的，也有负面的。这种商品能够带来十分丰厚的回报，这在它被卖到合适的市场当中时尤甚。而它的消费量越高，就越能引发人们的追捧。

拉丁美洲遍布着无数印加和阿兹特克文明的宝藏可供西班牙人和葡萄牙人劫掠分赃，而西印度群岛则没什么珍奇的东西能够引起这群征服者的兴趣。喜爱甜食的欧洲人为蔗糖提供了市场，而包括巴巴多斯、牙买加、古巴、海地和格林纳达在内的西印度群岛则成为种植及加工蔗糖理想岛屿。到 17 世纪 60 年代中期，巴巴多斯即将毫无悬念地成为世界第一大蔗糖产地。1800 年，牙买加成为世界上最大的蔗糖出口地。而在 20 世纪中叶，古巴紧随其后，成为全球最大的蔗糖产地。

1740 年，苏格兰诗人詹姆斯·汤姆森创作出了假面剧《阿尔弗雷德》。在其中，他加入了几句激动人心的台词："统治吧！不列颠尼亚！统治这片汹涌的海洋！不列颠人永远都不会被奴役！"后来，这几句话被改编成了一首爱国主义歌曲。尽管歌词很贴切，但也很讽刺。1680 年之后，许多英国商人开始能够购买随财富而来的自由。这些城市中的自由民经营了布里斯托、利物浦和伦敦等大型港口。借助蔗糖和奴隶贸易所获得的利润，他们以大笔借款和保证金支持自己的银行。钱被贷款给种植园园主购买非洲奴隶，利润则被重新投入精制白糖的国内销售业务中。

　　大西洋上，英国港口、西非的奴隶港口以及西印度群岛的蔗糖港口之间形成了一条三角形的航线。该航线诞生于17世纪，并一直沿用到19世纪中期奴隶制被废除时。商人们采购了英国中部工业区出产的枪支、布料、食盐以及小饰品，并用船只将其运到西非，卖给当地的贸易商。货舱里的布料和食品等货物被卸下来之后，这些货舱就会被装满人。英国的商品换回了从非洲内陆被抓住、诱拐或者奴役的黑人。通常，这些奴隶会被锁链绑在一起，以防他们跳船。这是因为对于这些奴隶来说，相比于前方等待自己的那如噩梦一般的奴役和劳作，跳海自杀无疑是一个更好的死亡选择。沿非洲与西印度群岛之间的这条"中间航路"航行的旅程长达几个月的时间，能存活下来的奴隶都是非凡的幸存者。因为他们被满满地塞在甲板下方，一个挨着一个躺在地上，没有任何可以移动的空间，条件恶劣得超乎想象。

　　在这个三角贸易的第三阶段，这些可怜的幸存者被送上岸，卖给种植园的园主。然后，船只进行最后一次装货，在货舱当中装满朗姆酒和白糖，运回英国。英国是世界上最早形成嗜吃

甘蔗种植者

　　20世纪40年代，波多黎各安尼卡附近的甘蔗种植园中的甘蔗工人。英国人对于奴隶贸易的垄断造成了一系列的社会问题，而他们则不幸成为这些问题的承受者。

甜食的风俗的国家。举例来说，英国人甚至会觉得不管是喝茶、喝咖啡还是喝可可，不加糖不仅土气，而且简直难以想象。英国还是最早开展工业革命的国家。要不是有了三角贸易的利润，工业革命的发生会被大大推迟。早在理查德·特里维西克发明蒸汽机车这个猛兽之前，蔗糖就已是英国最重要并且利润也最高的进口商品了。

奴隶还是蔗糖

在词典当中，奴隶制的定义（一个人对另一个人的所有权）并未体现出奴隶主强加给奴隶的羞辱。但百科全书则解释说："奴隶通常被用来劳作，但施加于他们的性权利也可以是一个重要的因素。"这实际上委婉地道出了奴隶所遭受到的强奸暴行。不过这样一种可怕的产业却持续了400年。直到丹麦和法国分别在1792年、1794年下令禁止大西洋奴隶贸易。同一年，美国则立法禁止美国船只用于奴隶贸易。1863年，美国总统林肯最终颁布行政命令，废除了奴隶制。而在此之前，英国于1807年下达了禁令，英属西印度群岛则在1834年开始禁止奴隶贸易。虽然非洲在20世纪30年代的时候仍然有人被卖出为奴，但19世纪60年代的《解放奴隶宣言》早已将奴隶贸易判为非法活动。可惜的是，这一切并没有毁灭甘蔗种植园，然而经济规律却做到了这一点。

19世纪时，园艺师一直在对一种外观平平的蔬菜——甜菜——做实验。此前，北欧人一直拿这种根茎类蔬菜来喂养体

劳作中的童年

1915年，奴隶制早已被废除多时。然而图片中这样的儿童却仍然在科罗拉多州斯特林市附近的甘蔗种植园中劳作。他们在田地上所耗费的时间要远远超过花在任何一个学校操场上的时间。

格较大的家畜，帮助它们度过严冬。甜菜大概最早是在13世纪的时候由德国人驯化的。600年后，德国科学家弗兰兹·卡尔·阿哈德成功地从一种甜菜当中提取出了大约6%的糖。德、法等国随之迅速抓住了它的潜能。由于英国在实际上垄断了西印度群岛所产出的蔗糖，这种情况令各国

都感到疲于应对，于是他们成功对甜菜进行了杂交，以至于这种植物开始被人称作糖甜菜，而且欧洲也拿出了成千上万英亩的土地用于甜菜种植。

其中，拿破仑皇帝就认为这种其貌不扬的甜菜是一种有力的武器，可用于对英战争，并下令种植了将近70000英亩（约28000公顷）的甜菜。甜菜根用途广泛，提取完糖分后，其残渣可以用来喂养牛羊。而其另外一种副产品——甜菜糖浆——则可以被高效地转化为酒精。而且甜菜的种植无需使用奴隶。到1845年，甜菜沉重地打击了西印度群岛的贸易活动，并最终摧毁了加勒比海一带的贸易。虽然这毁掉了一部分甘蔗种植园园主，但大部分园主跟贷款给他们的银行仍然借助支付给他们的"业务"补偿金维持了下来。如果说奴隶深陷贫困潦倒的命运，土地也是相似的。

甘蔗是一种优质饲料，并且需要消耗大量肥料和水分。在甘蔗种植到收获之间的年份，大片甘蔗会像一大片巨型青草那样在田野里生长起来。甘蔗收获时人们有时会将甘蔗的叶子和梢头烧掉，然后再将其茎秆砍断，运到加工点来压碎和煮制。加工过程会释放出高浓度的蔗糖。这跟油脂的提炼相似，一开始提取出来的是较重的粗制红糖。进一步提取，得到的则是较轻的红糖和黄糖。最终，得到的就是纯度最高的所谓"耕地白糖"。

战争武器

历史上，甜菜在北欧曾在长达几个世纪的时间里被种来当作动物饲料。它被证明含有少量可以提取出来的糖分。因而在拿破仑皇帝与蔗糖资源丰富的英国开战期间，拿破仑下令种植了好几万英亩的甜菜。

古巴

1762年，英国人曾短暂取代西班牙人，将古巴占为自己的殖民地。之后，古巴成为一个蔗糖的主产地。尽管1865年奴隶制被废除之后，非洲人和中国苦力仍然遭到了非法奴役，但蔗糖的生产，尤其是在古巴，还是逐渐实现了机械化。到20世纪，古巴已成为全世界最大的蔗糖出产国，而美国则是其最大的市场。然而"二战"结束之后，随着美国国内蔗糖产量的提高，其对古巴蔗糖的需求也开始下降，古巴的国民经济随之陷入困境。菲德尔·卡斯特罗是一名富裕的甘蔗种植园园主之子，他正是在这样的大背景之下掌握了古巴的领导权。

蔗糖海盗

1627 年，在巴西海岸线附近，荷兰海盗皮特·海恩截获了 30 多艘挂着葡萄牙旗帜的船只。想知道他的战利品是什么吗？这些船的船舱里全都装满了蔗糖。

天然亦是灾祸

全世界大约有 7000 多种植物是可食用的。除了糖分，它们全都含有脂肪、淀粉、蛋白质以及纤维。我们的消化系统可以产生不同的消化酶，将天然糖分转化为能量，并将纤维分解。然而当纯糖或者说精制糖进入人体，消化系统却无计可施。人体会停止制造消化酶，排斥现在无法消化的高纤维食物。这促进了人体对糖分的化学依赖，导致肥胖症，并引发酗酒和糖尿病等其他健康问题（酒精进入血液循环的速度甚至比糖分还要高）。

拿砍蔗刀或机器将甘蔗收割之后，甘蔗原有的植株会长出截根苗，这可以继续收获两到三季，然后整片甘蔗园就会枯竭。

不过，有一种发展也许是具有积极意义的，那就是使用甘蔗来替代我们极度依赖的化石燃料。巴西就推行了一个全国性的使用甘蔗酒精，或曰乙醇来取代汽油的项目，并为此种植了大量的甘蔗。然而，尽管这种燃料的污染比汽油低，但它跟大豆类似，种植面积的扩大也威胁到了不断缩小的亚马孙雨林。

我们对于白糖的渴求所引发的社会效果不断影响着全世界。海地移民穿越国界来到邻国多米尼加共和国的甘蔗镇工作，但他们的工作条件却不断遭人诟病。与此同时，发达国家也被蔗糖所带来的另一个问题——肥胖症——所困扰。

几十年来，加工食品制造商减少了其产品当中的纤维含量，而在另一方面，又提高了其中的糖含量。这带来了灾难性的后果，增加了包括糖尿病、癌症以及心脏病在内的与肥胖症相关的健康风险。世界卫生组织测算，到 2015 年，将有 15 亿人口受到肥胖症的影响。然而，相比因蔗糖贸易而被迫为奴的 2000 多万非洲人民所经历的可怕遭遇，这些问题还是相形失色了。

要加一块糖还是两块？

　　像上面图片当中的这种蔗糖来自西印度群岛的种植园，它一开始只是被拿来给茶加点甜味，但最终，它变成了一种让人离不开的添加剂，被用在各种不同的食物当中。

白柳

Salix alba

原产地：欧洲、中国、日本
和北美
类型：速生树种
高度：80英尺（约24米）

○食用价值
●**药用价值**
○商业价值
○实用价值

在石油资源丰富的20世纪，柳条编的手艺几乎已被历史湮没。然而有患心脏病风险的人每天都会服用提取自柳树的药物。此外，任何一个自尊自重的板球队员在踏上投球线时，手里拿着的一定是柳树制成的板球棍。

止疼药

1899年，药业巨头拜耳向毫无戒心的市场推出了阿司匹林。这是一种在世界上被服用最频繁的药物，它的问世要归功于19世纪法德两国化学家从白柳树的树皮当中提取出来的一种特殊物质，这些化学家将该物质命名为"水杨苷"。它也使人们在柳树和旋果蚊草子当中发现了水杨酸。

早在此之前的数个世纪，人们就已知道白柳可能具有很强大的治疗作用。古希腊药理学家迪奥斯科里季斯说它可以治疗痛风，而且它还被广泛地用于各种疼痛和疾病的处理，如风湿性疼痛、分娩、牙痛、耳痛，当然，还有头痛。

1597年时，药草医师约翰·杰勒德并没有注意到白柳的意义。但经过"石先生"的实验，卡尔佩珀开始提倡将白柳作为金鸡纳树皮的一种替代物。在卡尔佩珀看来，"这个世界深深受益于石先生的贡献"。他解释说，金鸡纳树皮的价格当时正在上扬。"倘若金鸡纳树皮的价格一直保持价格适中，那差不多是没有必要寻找替代品的，然而……[现在]我们可以肯定，它的价格每年都会越来越高，而且还会被大量掺假。"

19世纪90年代，致力于为治疗风湿热和关节炎寻找替代性药物的化学家发现了阿司匹林。接下来事情的发展就无须赘述了。不过有一点除外，那就是1918年爆发的那一场可怕的流感大流行。一名从意大利返回英国的士兵曾回忆说自己乘货车时，"身旁的人像苍蝇一样在我身边死去。我们因流感丧生的人数要远超过在战争中失去生命的人数"。这场大流感被称为西班牙大流感，大约令500—1000万人丧生，被评为有史以来最可怕的自然灾害之一。在此期间，新药阿司匹林的销量实现了大幅蹿升。

MIGRAINES, NÉVRALGIES
GRIPPES, RHUMATISMES
ASPIRINE
"USINES DU RHÔNE"
LE TUBE DE 20 COMPRIMÉS DE 50¢ 2 FRANCS
DEMANDER DANS TOUTES LES PHARMACIES
LA MARQUE "USINES DU RHÔNE" CARTONNAGE VERT

　　白柳是众多柳树品种的其中之一。柳树的各个品种均属于杨柳科，而且其中还包括其他一些喜水植物，如山杨、白杨和三角叶杨。白柳生长迅速，在泉水或者河水的浇灌下，可以存活120年左右。植株稍矮的黄花柳则只能活60年左右，其名称来源于早春时树上所开出的蓬松的雌雄花朵或曰柳絮。对于传播花粉的蜜蜂、飞蛾以及教室的窗户来说，可谓是一份芬芳的礼物。

　　克什米尔跟英国一些地区均可以为板球棒的制造提供优质的白柳木——白柳的亚种紧皮白柳。今天，柳木仍然被认为是制造热气球吊篮的最佳材料。柳条箱在破碎之前可以高度弯曲，因而在第二次世界大战期间被人们用来空投炸药。而在另一方面，对于环保人士来说，纯天然柳木制造而成的棺材已在近来成为一种必需品。

　　可是进入20世纪，深植于凯尔特传统当中的柳条编手艺却已几乎被人遗忘。自新石器时代开始，一片片的柳树林就一直在为柳条筐的编织提供长鞭一般的柳条。曾几何时，从河中的小船到鱼蟹篓，柳条编可以将柳条编织成任何东西。然而进入塑料时代，这种技艺却几乎已经失传。

　　如同许多改变了历史进程的植物一样，白柳也许拥有着光明的未来。科学研究显示，定期服用阿司匹林有助于中风的预防和心绞痛的控制。在瑞典的家庭及工业供暖当中，白柳已经取代了石油。而且人们正在进一步研究它是否可以成为一种生物燃料。

止疼药与柳树

　　柳树跟止疼相关的历史十分悠久。不过随着科学家在其树皮当中发现了水杨酸，柳树也开始被用来制造世界上应用最广泛的药物。

路边的阿司匹林

　　旋果蚊草子是路旁的无名英雄。现在的行人经过它的时候几乎不会注意到它，但在过去，人们是十分了解它的群落分布的，甚至在有可能的条件下，会对其进行严密的保护。与香杨梅等植物一起，它可以用来给麦芽酒调味，也可以作为一种药物。卡尔·林奈最早将旋果蚊草子命名为 Spiraea ulmaria。据说阿司匹林的英语 Aspirin 就是在 Spiraea 的前面加上了乙酰基的英语 Acetyl 中的 A。

　　"我通常是很勇敢的，"他低沉着声音继续说，"只不过我今天碰巧有点头痛。"
　　——摘自《爱丽丝镜中奇遇记》（1871），刘易斯·卡罗尔著

马铃薯

Solanum tuberosum

原产地: 南美洲的安第斯山脉
类型: 多年生丛生植物, 块茎可食用
高度: 3 英尺(约 1 米)

◎ **食用价值**
◎ 药用价值
◎ **商业价值**
◎ 实用价值

从未有任何一种植物凭一己之力改变历史的进程, 能做到这一点的只有人类使用、滥用或者从植物身上得益的方式。说到马铃薯, 大部分人只是以它为食物, 但这种来自南美的小块茎却深刻地影响了爱尔兰的命运以及另一个国家——美国——的人口组成。

北爱问题与马铃薯之间的渊源

1886 年, 一名摄影师正巧手拿干板照相机出现在一栋漂亮的爱尔兰旧农舍旁边。可惜, 透过他的镜头, 却展现出一个凄凉的场景: 地主的代理人正在将一家人赶出家门, 而三个枯瘦的警察则在一旁为其站岗。茅草屋外是这家人少得可怜的几件家具。家中的爷爷、父亲和两个儿子站在照片的一边, 满面愁容地看着一切。在第二张照片中, 农舍房门的位置外竖起了一根大槌。草皮墙上已被打出了一个大洞, 洞中和两个已经破碎的窗户上都塞满了荆豆枝。不管这个摄影师是否一直待到了最后, 事情最后的场景并没有留存下来。不过我们可以想象, 随着这些荆豆枝被点燃, 这些佃农也背起了自己那

> 没有人⋯⋯会把马铃薯当作一种纯粹的蔬菜,
> 而是会把它作为一种命运的工具。
> ——《园丁指南》(1936), E. A. 布尼亚德著

屈指可数的财产，沿着铁轨而下踏上了悲惨的旅途。有的佃农不幸死去，有的则活了下来，但却被迫在贫困中度日，住在都柏林、科克郡或贝尔法斯特的贫民窟之中。还有的则登上了轮船，前往美洲、澳洲、加拿大和新西兰寻找新生活。可所有人最终都一生潦倒。

19 世纪 40 年代发生的爱尔兰马铃薯歉收是一场全国性的灾难，有着深刻的国际意义。随之而来的大饥荒和伤寒的爆发令 100 万人丧生，而且还迫使 250 万人登上了移民船。科克郡附近的科芙港口也许曾是马铃薯首度登陆爱尔兰的地方，但对于很多爱尔兰人来说，这里却是他们登上"棺材船"之前最后眺望这座有着"翡翠国度"之称的岛屿的地方。之所以称他们乘坐的船只是"棺材船"，是因为这些船上的条件极其恶劣。他们将乘着这种船踏上长达 12 周的旅程，横跨整个大西洋。

1936 年，E. A. 布尼兰德写道："当饥荒和灾难降临在那个痛苦的国家（爱尔兰）时，她的国民前往星条旗飘扬的国度寻找庇护。那里针对故国（英国）的仇恨的火焰本将要熄灭，然而这些人的到来却给这股火焰添了柴火，给我们带来了今天的结果。"

20 世纪 60 年代，爱尔兰的天主教徒与新教徒爆发了冲突，两败俱伤。而在当时，美国有将近 3450 万人的祖先是爱尔兰人，许多人都认为自己有义务为其中一方提供资金和弹药支持。成千上万的人在后人称为"北爱问题"的暴力活动期间丧生。

雷利爵士传说

西班牙人在 16 世纪 70 年代左右将马铃薯引进本国。据说，将这种蔬菜带到英国的是冒险家 Walter Raleigh 爵士。不过并没有确切的证据能证明这一点。

薯条

在英格兰北部的一家外卖餐厅，"传统炸鱼薯条"的标志表明炸鱼和薯条被作为一种常见的英式食物的历史已经有好几个世纪之久。温斯顿·丘吉尔称薯条是炸鱼的"好朋友"。不过，长期以来，最受欢迎的根茎蔬菜实际上是欧防风，而不是马铃薯。18 世纪中期，爱吃欧防风的人甚至曾公开对马铃薯表达反对意见。有的人认为马铃薯是天主教徒的最爱。有一次，在英格兰东南部城市刘易斯举办竞选活动期间，就有一个新教的候选人提出了"不要马铃薯，也不要天主教"的口号。

性质最恶劣的事件之一发生在 1987 年，在小镇恩基斯吉林举行的一场阵亡将士纪念日大游行当中，一枚汽车炸弹在携家带口的人群中爆炸，导致 11 人死亡。对于爱尔兰共和国的近代史来说，其多舛命运的源头便扎根于马铃薯大饥荒所引发的动荡。

有毒的马铃薯

秘鲁人食用马铃薯的历史已有数千年之久。当地出土的一些已有 4000 年历史的陶瓷碎片说明，秘鲁古人是十分崇拜这种作物的。而对于印加文明来说，马铃薯这种蔬菜可以很好地搭配玉米来食用。当西班牙征服者毁灭这个文明后，马铃薯也被作为战利品带回了欧洲。

除了海拔较低的热带地区，马铃薯几乎可以种植在世界上任何一个地方，而且其所含的淀粉也使它的亩产出营养价值比任何一种谷物都高。事实证明，西班牙征服者带回的这些马铃薯比从印加掠夺的所有金银加起来都更有价值。

虽然马铃薯身上所有绿色部分都含有毒素（包括暴露在光线下的绿色块茎），但其块茎当中含有 18% 的碳水化合物、2% 的蛋白质、少量钾元素以及大约 78% 的水分。马铃薯可烤、可炸、可做汤、可加工成淀粉或者薯片，也可以发酵制成烈酒。一个家庭可以不依靠任何其他食物，只靠马铃薯生存下来，而且已经有人这样实践过了。这样一种功能多样的食物在抵达欧洲的时候本可以受到大范围的欢迎，但事实却并非如此。

《新版插图园艺百科》（1930）一书提到："马铃薯的引进通常被归功于沃尔特·罗利爵士。据说他从美洲带回了这种植物。但后来，权威人士说，真正引进马铃薯的是赫里欧先生。"有人说，英国探险家弗兰西斯·德雷克爵士在 1586 年带了几个思乡心切的移民从弗吉尼亚归国，并且顺道也带了几个"弗吉尼亚的马铃薯"回来。这些马铃薯被交给了罗利爵士的人，后者将它们种在了爵士位于爱尔兰南部约尔镇的土地里。这些马铃薯开花后，这人将还是绿色的马铃薯下锅烹熟送给自己的主人吃，结果爵士因此而大病一场。另一个故事说，1588 年德雷克爵士在迎战西班牙无敌舰队之前，坚持要先打完一局保龄球才去。还有一个故事则说马铃薯最早出现在爱尔兰的西海岸，来自于遭遇风暴而沉没的无敌舰队船只。不过论起可信程度到底有几分，可以说这几个故事不相上下，都未必真实。对于马铃薯到底是如何传播开来的，一种比较可信的说法是，它在成功传入西班牙之后，逐渐被带到了北欧和东欧地区。

十六七世纪时，欧洲是一个宗教局势紧张、迷信思想充斥的地方，天主教徒跟新教徒之间矛盾重重。1572 年巴黎发生了圣巴托罗缪大屠杀的惨剧，新教徒的鲜血染红了这座城市的街道。1605 年，天主教徒意图炸毁英国国会大厦的"火药阴谋"流产，参与其中的阴谋者被捕之后，有的被绞死，有的被淹死，还有的遭到了肢解。这两件惨剧发生之后，天主教徒跟新教徒

慢慢被认可
早在《植物志》（1597）一书中，就出现了一幅药草医师约翰·杰勒德手拿马铃薯花的图画。不过当时大多数欧洲人都不知道如何烹饪马铃薯，而且也对它的来源怀有迷信的偏见。

广受欢迎的马铃薯

起初，相比于新传入的马铃薯，北欧人更喜欢自己的欧防风。可是面对产量更高，生长期也更长的马铃薯，他们最终改变了观点。

之间的矛盾变得尤为严重。1686年，可怜的爱丽丝·莫兰因"与魔鬼有密谋"而被送到英国西南行绞刑。当时，英国当局仍然在以巫术为罪名绞杀女性。到处都可以看到所谓恶魔作法的证据，迷信的人们将目光也聚焦到了小小的马铃薯身上。毕竟它外观光滑，曲线饱满，外形令人浮想联翩，更不用提把它跟死尸似的埋在冰冷的土壤之下，它都能膨大结果这一点了。而且虔诚的新教徒还理直气壮地指出，《圣经》当中对马铃薯只字未提。

另外，那些无心吃下生土豆的人也会受到湿疹的困扰。这引起了人们的关注，因为在当时，这种病被认为是一种麻风病。1795年，一个名叫戴维·戴维斯的人总结说："尽管马铃薯是一种绝佳的块茎植物，应该大范围应用，但在我国，它的使用似乎永远都不会成为一种正常现象。"英国作家兼园艺家约翰·伊夫林（1620—1706）的日记基本上写作于日记作家塞缪尔·佩皮斯生活的年代，他就提倡将有毒的马铃薯腌制做成沙拉吃。

不过，英国早期马铃薯种植者之一，著名的日记作家吉尔伯特·怀特神父却记录下了马铃薯的一个命运转折的时刻。他在1758年3月28日记录道："种下了59棵马铃薯，块茎不算很大。"到1768年时他观察发现："近20年来，通过互相赠送，马铃薯成了这个小地方作物种植的主流，而且现在它还很受穷人的喜爱。这些人以前可是连试着吃一下都不敢的。"

到 1838 年，威廉·科贝特在著作《英国园丁》中说马铃薯"可以很好地消除肥肉的油腻感，并且能让人吃黄油的时候大快朵颐。它似乎一点都没有不健康的影响，而且只要品种合适，许多人都很爱吃，而不会选其他的普通蔬菜"。当时，威尔士的工人已经习惯于向允许他们在自己的地上种马铃薯的地主上交马铃薯。

在德国，马铃薯的种植一开始并不顺利。不过在普鲁士的一场饥荒过后，这个国家也转变了自己的态度。腓特烈大帝（普鲁士国王，1740—1786 年在位）派出武装士兵给农民分发免费马铃薯，劝说他们接受这种植物。在德国奥芬堡，居民们做出了极不寻常的举动，在这里的城镇广场上树立起了一座弗兰西斯·德雷克爵士的雕像。可惜这座雕像现在只剩下了基座。雕像的作者安德烈亚斯·弗里德里希曾试图将这个作品卖给奥地利的萨尔斯堡。然而由于这个城市未能为此支付足够的资金，他愤而将雕像捐赠给了奥芬堡，条件是雕像要背对萨尔斯堡。第二次世界大战期间，这座雕像惨遭纳粹损毁。

在法国，尽管农民反复遭到饥荒的蹂躏，只能忍饥挨饿，以草根和蕨类为食，但法国人还是上下一致地不接受马铃薯。为此，药剂师安东尼–奥古斯丁·巴曼提耶想出了一个名叫"让他们吃地里的苹果"的好主意。巴曼提耶曾被抓为战俘，在普鲁士饥荒期间，靠吃"地里的苹果"或者说马铃薯活了下来。他决心将马铃薯引进到法国，并说服路易十六在宫廷之中佩戴上了一朵娇嫩的白色马铃薯花。这引得路易十六的侍臣纷纷大拍马屁。此外，巴曼提耶还安排了一场晚宴，其中每一道菜肴都加入了马铃薯，激发了宫廷美食家对马铃薯的兴趣。

马铃薯公关巴曼提耶
为了赢得法国的认可，改变他们对马铃薯的偏见，安东尼–奥古斯丁·巴曼提耶用尽了自己能够想出来的各种点子。他用上了小诡计才说服家庭主妇接受马铃薯。

1770 年，路易十六批准巴曼提耶利用凡尔赛宫中的一块土地来种植一种绝密的作物。他借此深刻地改变了法国人对于马铃薯的偏见。这种作物所在的田地周围被布满了重兵把守。这种保护措施加重了人们的好奇心，在黑夜的掩护下，这里不断遭到洗劫。人们将非法得来的马铃薯互相转赠，终于使马铃薯在法国传播开来。1793 年，法国革命党人处死路易十六国王之后，其精美

马铃薯晚疫病

在温暖潮湿的天气条件下，致病疫霉所导致的真菌感染会摧毁马铃薯的植株，导致其叶子死亡，根茎在土壤中腐烂。

的花园也被开垦出来，种上了实用的马铃薯。不过巴曼提耶保住了自己的项上人头。直到今天，他仍然受到人们的尊敬，在很多菜名的法语当中还能看到他的名字，如法式薯蓉牛肉糜（Hachis Parmentier）。这是一道用牛绞肉做成的菜肴，上面覆有一层土豆泥。另外还有鳕鱼羹配土豆（Brandade de More Parmentier），这道菜用到了腌鳕鱼和马铃薯，常在冬令时节食用。

马铃薯晚疫病

到 18 世纪晚期的时候，马铃薯已成为爱尔兰的关键作物。作为英国的一个殖民地，它在挣扎中求生。英国将军奥利弗·克伦威尔在英国内战期间击败了保皇党，而爱尔兰在被他打败之后，境遇愈加悲惨。克伦威尔在爱尔兰所实施的镇压方针，加上德罗赫达和韦克斯福德驻军围攻战之后发生的大屠杀事件将这里的农民逼上了绝路。大部分人都依靠一个基本没有货币现金的经济体系维持生活，交换的主要物品是奶牛。英国农学家约翰·沃尔里奇 1669 年出版了《农业系统》一书，他认为，马铃薯完全可以拿来"喂养猪或者其他家畜"。而且，他还写道："在爱尔兰和美国，它们被大量当作面包来食用，或许可以将其在穷人当中推广开来。"

对于种植小麦的农民来说，爱尔兰大部分土地的小麦产量都少得可怜。而马铃薯则能够很好地满足人们的需要。人们通常会在春天的宗教节日"耶稣受难日"这天举行马铃薯的播种仪式，并对其大洒圣水，让魔鬼难以近身。尽管度日艰难（对于茶叶和白糖等日常用品，大部分爱尔兰佃农都要向英国政府交纳进口税，而且他们还要向从不现身的地主支付高额地租，备受剥削），但爱尔兰的人口还是实现了增长。到 1800 年，其人口总数已接近 450 万人。而这一切，都要归功于马铃薯。

各个家庭越来越依赖马铃薯这种蔬菜，将其盛在柳编的浅碗中，一同分食。当地人只要提到种马铃薯时用的长耙子就知

作为当时世界上最富裕和最强大的国家，居然有 100 万人在她的领土上丧生。至今回望这件事都令人感到十分悲痛。随着作物的一次歉收演变成为一场人类的大悲剧，那些在伦敦治理这个国家的人却始终无动于衷，他们辜负了自己的人民。

——英国首相托尼·布莱尔，1997 年

道在说马铃薯。通常，家中的主妇需要负责在种植马铃薯时，用挖穴的小手铲给块茎挖出小坑。每年夏天，为了预防晚疫病，人们会在马铃薯植株上喷洒青石（硫酸铜）和洗涤碱的混合物。但在 1845 年，这种混合物却没能发挥任何挽救作用。

1846 年，马铃薯再度歉收。尽管玉米在次年获得了丰收，但还是有成千上万的人在 19 世纪 40 年代的时候忍饥挨饿。这是因为，丰收的玉米被出口到了英格兰。

马铃薯大饥荒摧毁了一个国家的中心地带，而且还进一步改变了她的乡村。爱尔兰的地租不断上涨，抵押贷款变得难以控制，而且还在系统性地将人们赶出家园。这一切都是不可持续的。最终，土地改革将接近四分之三的土地重新分配给了改革前的佃农。破产的地主弃自己的庄园宅邸和带围墙的果蔬园而去，同时，大型农场则得到了重组，田地形成一连串相邻的长方形，在农舍屋后伸展开来，构成了所谓的"梯形农场"。今天在爱尔兰，我们仍然能够看到它们的身影。

悲惨的命运

1849 年，布里奇特·唐纳流离失所之后向《伦敦新闻画报》讲述了自己的饥荒经历。她之所以被赶出家门，是因为"我们欠了一部分租金。我们全家都发起了高烧，而且家中的一个男孩也被饿死了。"布里奇特的孩子尚未出生便夭折了。

主食

观赏凡·高 1885 年 4 月创作的画作《吃马铃薯的人》可以看出，马铃薯是穷人口中的主食。不过爱尔兰马铃薯大饥荒给人们所造成的创伤将在之后几代人身上一直延续下去。

可可

Theobroma cacao

原产地：南美雨林
类型：树木
高度：45 英尺（约 13.7 米）

◎ **食用价值**
◎ 药用价值
◎ **商业价值**
◎ 实用价值

19 世纪晚期，随着新兴的白领群体——广告商——开始利用可可豆，这种东西也成了贵格会实业家最喜爱的一种商品。感谢他们，诸神的食物将变成一种充满罪恶感的乐事。

诸神的食物

我们没有必要对巧克力进行任何介绍和描述。卡尔佩珀曾说："这种东西可谓众所周知，为它写介绍简直是浪费时间，因此，我只需强调它的优点就可以了。"在这里，卡尔佩珀医生说的实际上是白蜡树，不过这些话完全可以用到可可豆的主要产物——巧克力——身上。著名词典编纂作者约翰逊博士称卡尔佩珀医生"是第一位为了寻找药草和有益的草本植物而穿越森林、攀登高山的人"。

可可豆是美洲热带雨林的一种特产，它所生长的小树依赖于肥沃的土壤和大量降雨。可可树可以存活 80 年以上，它生长到第 4 年左右才开始结果，枝干上会开出奇特的像金钟海棠一般的粉色花朵，之后结出可可豆荚。成熟的黄色或红色豆荚中包含着大量可可豆。我们必须先将这些可可豆从带有黏液的豆荚中挖出来，放到香蕉叶下面发酵或者将其中水分蒸发掉，然后再放到太阳下晒干。这样，我们就可以对含有咖啡因和可可碱等生物碱的可可豆进行加工了。

有人说，可可是一种充满了异域风情的奢侈品，几乎可以称之为来自神明的礼物。卡尔·林奈肯定也这么认为，这是因

> 你可以去卡莱尔俱乐部，也可以去阿尔迈克俱乐部……喝咖啡、茶和巧克力，吃黄油吐司：他会立刻张开双臂欢迎全世界还有自己的妻子，而且对从未谋面的人彬彬有礼。
> ——《新版巴斯旅行指南》（1766），克里斯托弗·安斯蒂著

为他巧妙地将其归为可可属植物，而在拉丁语当中，可可属植物被称为Theobroma，意即诸神的食物。在被西方人征服之前，拉丁美洲尚不知道白糖的存在。压碎的可可豆则给它提供了一种浓香而又黏稠的液体。把它加入胡椒、香草等其他当地植物做出的食物当中搅拌可以创造出一种口感浓郁、貌如糖浆一般的酱汁，是庆祝宴会的理想佳肴。

在阿兹特克文化时代，可可豆通常在烘烤和研磨之后，加进一种含有玉米和胡椒的素汤之中，或者作为一种稍含苦味的节日饮品，被敬奉给羽蛇神。现代人也许已经不再崇拜羽蛇神，但西班牙人民仍然喜欢吃着巧克力蘸油条开始新的一天，就像法国人喜欢喝巧克力配巧克力面包一样。他们是"新一代"巧克力消费者。四个世纪之前，人们只有一个选择，那就是巧克力配兑了水的葡萄酒。不过当西班牙征服者抵达拉丁美洲时，他们不仅发现了黄金和白银，也发现了青豆、土豆和可可豆。一开始，没有人知道该怎么烹制这种富含脂肪，但却口感发苦的菜肴。直到有人想到，可以试着把它跟来自西印度群岛的白糖混合起来吃。事实证明，这种应对可可豆苦涩口感的尝试是一个奇妙的意外。到16世纪末，所有能买得起的人都开始喝起了这种因为加了糖而口感甜润的巧克力饮品。

巧克力先是被传到了西班牙宫廷。这里跟很多上流社会一样，充斥着各种溜须拍马之徒和流行的饮食。1660年，西班牙公主玛丽·特里萨嫁给了法国国王路易十四，同时从祖国西班牙给法国带来了巧克力。这是一份她很需要的礼物，让她可以慰藉自己黯淡的心情。因为她的夫君一生风流，乐于跟除了她之外的任何人同床共枕。当时流行奇特的发型和巨大的裙撑使得女性要占据相当于自己身形三倍的空间。然而这种时尚风潮注定会像20世纪时兴的爆炸头和超短裙（这种着装正好跟前一种相反）一样被淘汰。尽管如此，皇室对巧克力的偏爱却一直流传了下来。

欧洲早期的巧克力屋跟流行的小酒馆并无二致，而巧克力也是一款浓稠的甜味热饮。在阿姆斯特丹，随着德国人范·霍顿自己的工厂里发现了一种加工巧克力的新方法，这一切也发生了改观。可可豆可以磨成粉，在美洲，人们这样做的历史已经延续了几百年。这样磨成的粉可以做成一种加奶的饮品。范·霍

爱情之豆
欧洲人对巧克力的热爱将一门家庭小手艺变成了一项国际化产业，在它的推动下，一大支采摘大军来到了厄瓜多尔的森林采摘珍贵的可可豆，并将其通过海路运往国外。

顿发现了一种方法，可以减少脂肪，做出一种可以粉碎成粉末的可可饼。他在 1838 年取得了这种方法的专利，与此同时，英国巧克力大亨兼贵格会教徒约瑟夫·弗赖伊也进入了这一领域。

贵格会是一个宗教教派，它相信每个人都有一定的神性，但是大多数宗教所建立的繁琐仪式却大大偏离了宗教的理想。在 19 世纪的英国，这些人跟巧克力制造之间有着极为深厚的关系，他们包括亨利·约瑟夫·朗特里、约瑟夫·弗赖伊以及伯明翰的一位吉百利先生。其中亨利·约瑟夫·朗特里在约克郡经营着一家巧克力工厂，而约瑟夫·弗赖伊的总部则位于布里斯托。

范·霍顿的儿子昆拉德改进了巧克力棒的生产流程，创造了一种名为"荷兰式"的工序，从而制造出一种口感顺滑的黑色甜食。所谓荷兰式工序即是用一种碱液来处理可可豆。瑞士的鲁道夫·林特则在研发一种名为研拌的工艺，制造出来的巧克力口感比前者更加顺滑。与此同时，吉百利先生正乘坐着夜班火车赶往英吉利海峡渡船码头。这是在 1886 年，他的目的地是范·霍顿的一家工厂，打算在那里直接买一台巧克力压榨机。

吉百利家族来自于英国西南部。1831 年，约翰·吉百利正好身在伯明翰这座工业新时代的新兴心脏城市之一。在这里，他计划要开办一家可可粉和巧克力工厂。当时，巧克力仍然是一种因疗效而深受女性喜爱的苦涩饮品。1875 年，吉百利购买的范·霍顿巧克力压榨机运转了起来。

当约翰的儿子乔治和理查德从父亲手中接手生意之后，他们不仅

荷兰与巧克力
荷兰画家约翰·乔治·范·卡斯佩尔于 1899 年为荷兰巧克力品牌万豪顿巧克力设计的广告画。该品牌所有人范·霍顿所创造的革命性巧克力生产加工方法使得巧克力成为大众的一种待客必备之物。

证明自己是精明的商人，而且也是模范雇主。他们让员工享受半天的假期，为员工提供进修课程，而且还免费给女工分发棉布，这样她们就可以自行缝制制服，而不必花钱去买了。有一次，吉百利暂停了工厂里的圣经晨读活动，而工人则通过请愿成功地使这一活动重新开展了起来。

大约在同一时期（1884年），大西洋另一头的宾夕法尼亚州德瑞教堂镇，刚刚经历了破产的米尔顿·斯内夫利·赫尔西正在恢复元气。他在镇子上开办了一家新巧克力工厂，而且生意进展得很顺利。1905年，随着赫尔西向市场推出一款锡纸包装的平底泪滴形巧克力，也就是好时的标志性产品——好时之吻巧克力，他的生意发展得更好了，德瑞教堂镇也被改名为好时镇。不过，19世纪70年代，卡德伯里将工厂搬到了伯明翰附近绿草茵茵的伯恩溪时，就没有将这个地方命名为吉百利，而是称其为伯恩村，并为工人建造了一座现代的"花园城市"。

当时，大多数工厂主满足于让工人居住在平房或廉价公寓里。正如一位颇有洞察力的评论家在1850年所说，这种房子"勉强能让住客享受到最低程度的舒适和便捷生活"。乔治·卡德伯里希望自己的员工能得到最好的条件，他甚至连伯恩村最小的细节都想到了。1899年，乔治的哥哥去世，但他并没有因此而放弃伯恩村的建设工作。伯恩村的房屋密度被限制为每英亩7栋（约相当于每公顷3栋），每栋房子都配有相当于其房屋占地面积三倍大的花园，里面种了六棵水果树以及可以用来种植其他蔬菜农作物的空间。卡德伯里先生认为这对于工人来说相当于每周2先令6便士的收入。每栋房子配有三个卧室、一个起居室、一间厨房以及一个带浴池的洗涤间，其中浴池可以收进碗柜里。对此，卡德伯里在一份给工人的说明手册里解释说："后面的厨房里提供了浴池。这样你们每周至少可以洗一次热水澡，而且还可以在火炉旁烘干身体。"

卡德伯里还有其他几句明智之言，比如："泡茶一定不要超过3分钟，否则其中的鞣酸就会变得有害健康。"还有："睡房里要放单人床。现在除了英国，已经没有什么文明国家还用双人床了。"他向读者保证说，只要遵循这些简单的原则，"他们至少可以多活十年。"

除了家长式的管理，伯恩村的试验并不排除用社会福利

巧克力创造财富

19世纪有不少人的财富都是建立在巧克力上，这些人包括米尔顿·赫尔希、亨利·朗特里、约瑟夫·弗赖伊以及约翰·卡德伯里。

甜蜜的成功

随着工厂女工找到为热爱甜食的大众包装巧克力棒的工作，胸怀广阔的企业家也对工厂的工作条件进行了改善。这些工厂主决意为自己的雇员提供更好的车间条件。

房冒风险的可能。其中一个就是在太阳能电池发明近一个世纪之前的阳光住房的建设。阳光住房又被称为十先令住房，而十先令正是该住房一个礼拜所需缴纳的房租。这些房子的建设在最大程度上利用了其房屋的南向房间。起居室被设在房屋的南侧，厨房则配以较小的窗户，设在房屋的北侧。这种被动式的太阳能设计给住户增加了照明和温度，减少了燃煤支出。

乔治·卡德伯里在去世之前将伯恩村改为信托项目，从而取消了子女的继承权。这样"那些想投机的人就没机会了"。其原因则是因为"我得出结论，没了这些钱，我的孩子们（他有过2次婚姻，生了11个子女）会过得更好"。"不要追求巨额的财富。根据我的生活经验，这种东西通常更像是个诅咒，而不是什么幸事。"卡德伯里直至70高龄之时，还坚持骑自行车到2英里（约3.2公里）之外的工厂去上班，亲自回复每一封信件。

不过，他1861年和哥哥理查德接管生意时，吉百利实际上已经到了破产的边缘。他们结合了新工艺和广告营销的力量，使这个巧克力帝国重新盈利。1869年，他们推出了第一款带有装饰的巧克力包装，加上了一幅画，画中是一个膝上趴了只小猫的姑

[我们]致力于使工厂里的工人能够享受到乡村户外生活的优点，为他们有机会从事自然而又健康的土壤改良工作。

——1879年，巧克力制造商乔治·卡德伯里在伯恩维尔工厂落成仪式上致辞

娘，创立了迄今已有 150 年历史的通俗艺术。这幅画是由理查德·卡德伯里创作的，他是一个很有天赋的艺术爱好者。1899年，电影艺术尚处于萌芽状态，范·霍顿为自己的荷兰式甜品投资拍摄了世界上最早的广告电影之一——《万豪顿可可粉——最好的享受走得最远》，电影讲述了一个疲惫的职员在吃下一根万豪顿巧克力棒之后立刻变得精力充沛起来，这宣告了广告营销行业的诞生。作为一种早餐的饮品、一种健康食品甚至是一种感官体验（这是对 19 世纪某些所谓巧克力可以催情的说法的反映），巧克力成为广告文案笔下的常见产品。

1836 年，法国廉价报纸《新闻报》开始刊登广告。30 年后，一个名叫威廉·詹姆斯·卡尔顿的人想到了一个为自己的美国公司智威汤逊出售广告位的点子。尽管本质不变，但在 19世纪后半叶，彩色印刷大大改变了巧克力广告的形象。

报纸上的条幅广告极力吹嘘一些奇怪的说法，比如贝克牌巧克力和可可粉"是儿童和残疾人的绝佳饮食"，而另一个有关马迪亚斯·洛佩斯牌巧克力的广告则对一对沉浸于洛佩斯巧克力饮食的夫妇进行了横向对比，二人吃之前体型瘦弱，而过了一段时间之后则变得身材发福。广告常常会加上各种言辞夸张的客户感言，比如 1879 年新南威尔士一个园丁给种子公司的感言里就说："我参加了在悉尼举行的跨殖民地展览和布里斯的美国奇迹之豆展。这些种子质量好，结果早，备受赞誉，被颁发了特别证书，远超同场竞争的英国顶级品种。"

广告人（包括其中的女性。广告行业是最早重视女性观点的行业之一，而且更重要的是，这个行业也是最早实现男女同工同酬的行业之一）学会了如何对产品的真相有所保留。好时的纯牛奶巧克力被称为"富含营养的甜品"，弗莱可可粉是能帮助"需要操作精密和贵重器械的人"增强"耐力和神经强度的食品"。巧克力甚至还被作为一种很好的健脑食品进行推广。在一个广告当中，主持人鲍勃·霍普手中高举着一盒怀特曼牌巧克力说："我就是这么记忆的！你怎么不试一下呢？"

奇特的说法

早期借助绘画来影响他人的尝试可以追溯到教堂墙壁上的宗教绘画。画面中，地狱的熊熊烈焰炙烤着受到诅咒的灵魂。之所以这样画，就是为了劝诫以文盲为主的大众远离有罪的一生。我们很难量化这样的绘画到底多么有效，但到 19世纪的时候，这种告示牌式的风格变得前所未有地受欢迎起来。梅尼尔牌巧克力的一款海报描绘了一个帅气的逃学生在墙上涂鸦，留下了"喝梅尼尔牌巧克力"的话语，强调了"真的很美味！"这句话。

普通小麦
Triticum aestivum

原产地：中东和小亚细亚
类型：直立生长草本植物
高度：最高 3 英尺（约 1 米）

◎**食用价值**
◎药用价值
◎**商业价值**
◎实用价值

没有普通小麦，欧洲现在也许仍然被束缚在黑暗时代之中。食物是文明发展的推动力，而在温带气候地区，小麦就是这种推动力的燃料。

引发革命的种子

小麦是世界上最重要的植物。每一颗麦粒都是一个紧实的食物存储器，充满了高能量的淀粉、蛋白质、矿物质和维生素。谷物不仅可以食用，而且便于运输和储藏，还可以做成面包，考古学家已经在古埃及的墓穴里发现了距今已有 5000 年历史的面包遗迹。几乎可以肯定，小麦是石器时代的人类最早驯化的农作物，而且它从那时起就被拿来供养了全世界的大部分人口及其牲畜。

听说自己的臣民，法国农民因为没有面包吃，而只能靠吃草来果腹时，惊讶的法国王后玛丽·安托瓦内特冒出了一句名言："让他们吃奶油蛋卷好了！"这位奥地利女大公于 1770 年嫁给了法国王储，之后便常常在自己位于凡尔赛宫中的农场游乐园假扮挤奶工取乐。她根本不理解自己的人民生活有多么困苦。她的丈夫是法国国王路易十六，性格优柔寡断。在他的统治下，法国政府债台高筑，小麦也连年歉收。在这些因素的作用下，民众怨声载道，他们的不满正在演化成一场革命，法国也即将人头遍地。

我们日用的饮食，今日赐给我们。
——《圣经·马太福音 6：11》

　　1793 年，革命党人攻陷了巴士底狱之后，路易十六遭到了处决。协和广场上竖起了吉犹坦医生设计的高效断头台，拥挤的人群心满意足地在这里看着自己的一国之君人头落地。同年 10 月，玛丽·安托瓦内特王后的人头也滚进了断头台下满是血迹的接头篮里。

　　面包对于法国的农妇们有着深刻的重要意义，而玛丽·安托瓦内特王后冷酷无情的言辞（这番言辞也有可能是虚构的）则暴露了她对于这一点的无知。作为自由与平等的象征，玛丽安袒露酥胸的形象出现在了法郎上面，而法棍面包与玛丽安一样，同样是一种自由与平等的标志。最终，玛丽·安托瓦内特为自己的无知付出了沉痛的代价，而这一切的源头就是一片面包。

　　小麦是制作糕点、饼干、蛋糕和面包的主要谷物，而这已经延续了 12000 多年。早期采集和狩猎食物的人类在亚洲西南部、埃塞俄比亚或地中海地区定居下来，进入了农业社会。每当秋夜降临，他们就开始收获野生小麦，并将其跟自己从野外找来的其他食物储存在一起。围着夜晚的篝火，他们肯定谈论过如何利用这种神奇的野生作物的优点，那就是把它晒干并用手工石磨磨成粉后，怎么把这种面粉加上水烤成保存期限令人满意的面包和饼干；发芽发酵之后，它怎么能把水变成小麦酒；还有就是储存在能避免鼠害的陶器里的干种子下一年春天播种之后，如何能够再度焕发新生。

随着时间的流逝，农民们将小麦当中表现更好的植株分离了出来。而这其中的困难之一就在于如何才能发现一种不会在成熟之时撒下种子的植株，否则，人们就要在收获的时候趴在土里才能把粮食收起来。在小麦的基本品种当中，一粒小麦和两粒小麦拥有可以在最糟糕的土壤条件下也能生长的基因。麦子一成熟，被一层保护性的麦壳所包裹的麦粒就会从母本植株当中爆出来。在合适的条件下，比如一个温暖的秋夜，麦壳就会裂开，使种子掉进土里。然后，细小的麦芒就会将其固定在

拾穗人
　　对于田野里的拾穗人来说，每一粒小麦都有价值。然而法国大革命过后还不到75年的时候，让·弗朗索瓦·米勒对于田野中的农民和工人形象的刻画却极大地震动了评论界。

马背上的农业

19世纪，美国的农民带着马拉的玉米种植机和收割机穿行于西部大草原。这片位于中西部的大平原基本上都被他们变成了农田，只剩下一小片区域保留了原貌。

土壤之中。

分离某种特殊的植株可以耗费上千年。慢慢地，收获难度较低的小麦品种被分离了出来，粮食经济也不断发展。

公元前330年，来自法国的一名旅人抵达了不列颠。他发现，英国的东南部地区已经出现了小麦田。而一个世纪之后，古罗马之所以派出大军征服西西里岛、撒丁岛、北非、埃及和西班牙等新领土，目的就是为古罗马帝国提供新鲜的小麦。公元69年，暴君尼禄离世，维斯帕先成为古罗马皇帝。当时，仅埃及一地每年就能供应2000万蒲式耳的小麦。小麦就是实力。

古罗马帝国的崩溃伴随着麦田的消失。不过它们并没有消失很久。在欧洲，奴隶制下的农业正在让位于封建农业。领主为佃农提供保护，而作为回报，佃农则在领主的土地上劳作，他们所种植的经济作物便是小麦。在欧洲，小麦有着不同的叫法。盎格鲁撒克逊人称其为 Hwaete，荷兰人叫它 Weit，德国人则称之为 Weizen，而在冰岛，人们叫它 Hveiti。小麦的英语 Wheat 有"白色"的含义，从而将其与大麦和黑麦之类颜色较深的谷物区分开，而这个单词也成了繁荣兴盛的象征。

在伊比利亚航海家探索那看上去广阔无垠的大西洋的旅程中，小麦也曾贡献过自己的一份力量。怀着抵达传说中黄金遍地的西印度群岛的希望，他们将一袋袋的小麦装进货舱，带着它们开始了乘风破浪的旅行。登陆到加那利群岛这样的石头岛屿时，他们就会种下并收割小麦，作为下一段航程的给养。

小麦相关建筑

没有任何一种植物能像小麦这样改变农村的天际线。除了用来加工和储存小麦的磨坊、牲畜棚、谷仓和粮食简仓，还有外观形似教堂的英式或日厢式谷仓。这种谷仓的大小与乡村教堂相仿，里面有专门用于储存麦穗的空间，在两处相对的大门中间则设有一个打谷房。打谷或筛谷壳的工序能把谷粒中的谷壳筛掉，每当此时，巨大的仓门会被打开来形成穿堂风，把谷壳吹走。

谷神的象征

小麦束象征着农耕与丰饶、收获与感恩，以及冬之休眠与春之重生。小麦的收获与播种要举行十分繁琐的仪式，因为这是唯一一种没有收成就会给人带来饥荒威胁的农作物。啤酒花、葡萄或大麦要是绝产，只能算是场打击。而这种事要是发生在小麦身上，那就意味着灾难的降临。

古希腊女神得墨忒耳对应古罗马神话当中的谷神克瑞斯，二者相似，都与小麦有着非常紧密的联系。得墨忒耳甚至在雅典的南部城市埃莱夫西纳拥有自己的追随者。在这里有一尊得墨忒耳和她女儿珀耳塞福涅将小麦种子交给特里普托勒摩斯的雕塑。后者教会了希腊人种植小麦的知识。从这个地方开始，麦田被笼罩在各种仪式和迷信色彩之中。人们相信，将小麦作为施舍或者礼物送给穷人有助于这种农作物的生长。经验最丰富的收割者将代表着"收割好运"的小麦穗送给自己的领主，并钉到冬天的火炉上方，以祈求来年春天播种顺利。在现代，麦田里的野花被当作是种麻烦，但在中世纪，倘若小麦收获时碰巧有陌生人经过，风俗要求将这个陌生人带到田里，并送给他一束野花。虽然今天的农民已经很难在地里找到一束花来装饰拖拉机的中控台，但就在 20 世纪 50 年代的时候，人们还会拿田里的鲜花来装饰最后一辆把麦穗拉回家的货车。

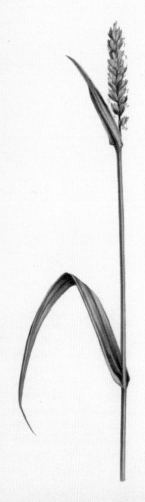

在北半球，随着秋分时节的满月冉冉升起在夜空之中，人们在举行了隆重的仪式之后，烤出了第一个面包。他们将麦穗做成的礼物奉献给村子，并进行小麦拍卖，为教堂改造或者秋收感恩节的举办筹集资金。丰收晚餐曾经是异教徒之间一种充满田园气息的活动，在当地有些很奇特的名称，但后来经过教会的改造，这项活动变得不那么喧闹。不过还是有一些具有明显异教徒特征的庆祝活动保留了下来，比如在法国人们会给玉米新娘加冕，将其他新娘抬过那些打谷产量可能会高的地方。

得益于更好的种植手段，而不是神秘的仪式，小麦的产量在 1750 年的时候实现了增长，是中世纪时的两倍半。与此同时，整个欧洲的中世纪封建体系都遭到了动摇。如果说 17 世纪的标志是第一个真正意义上的国际经济体系的兴起，18 世纪的标志是对殖民地和商业的争夺，那 19 世纪的标志似乎就是社会的剧变：法国在大革命之后正在慢慢稳定下来，美国即将卷入内战，而俄国也将开始一场自己的革命。在英国，随着《圈地法》的颁布，其大部分公共土地都被圈了起来谋求个人收益和更高的小麦产量，英国的农民也大都认为当工人尽管收入低下，但也比继续当佃农要好。几百年过去，那些拥有麦田的人胜过了没有麦田的人。

19 世纪初的时候，小麦的种植已经扩展到了整个温带地区，而工业革命也预示着一场粮食革命的开始，这场革命最终将使美国和欧洲多国跻身世界上最富裕的国家行列。

面包篮

按照 17 世纪一句谚语的说法，面包是生活的必需品，"夺走某人嘴里的面包"也就是剥夺了他们最基本的生计。面包与黄油，或者更常见的面包跟奶酪代表了生活的必需品，这一点至少在世界上那些种植小麦的地区是属实的。在这样的地方，俗语"面包篮"既指农夫的肚子，也指他种麦子的田地。在法国，其北部的博斯地区被人们昵称作巴黎的"面包篮"。

1857 年，法国艺术家绘制了一幅有关小麦收获的画——《拾

天上的粮食

从圆面包、长形面包和面包棍到比利时面包卷和面包片，面包被称作生活必需品。威尔士的矿工们在约翰·休斯的赞歌当中唱道："天上的粮食啊，主戴荣光。"

丰收

20世纪，小麦的人工播种、收割、筛麦皮和储存逐渐让位于机械化作业。随着马匹的消失，田野生活也发生了天翻地覆的改变。

磨面

对于以小麦为主导的经济体系来说，像图片中这样的瑞典磨坊主及其面粉磨坊起着核心作用。早期那些在水磨坊竞争当中生存下来的企业家后来都挣得了大笔财富。

穗人》。在画中，三名戴着头巾的女性正弯着腰用灵巧的手指将随着收割而掉落的金色麦粒捡起来。这幅画对劳作的农民进行了细致的刻画，令艺术评论家大为震动。而这些农民通过集体抗争，在距离当时不到75年之前推翻了玛丽·安托瓦内特的统治。不过《拾穗人》这幅画也揭示出了一个新时代即将开启之际的农业世界。在画面的背景当中站立着革命性的马拉收割机和打捆机。在旁边，工人将麦穗装到了马车上。时间前行150年，在同样的劳动画面中，马匹、马车和大部分的男人跟女人都会消失，成队巨兽一般的机器取代了他们，从土地上席卷而过。这片大地不再依赖大量劳动力和肥料，也不再需要休耕来让自己休息和恢复元气。现在，农作物需要大量化肥、杀虫剂和除草剂形式的无机化学物质。

在历史与现代之间，工业时代的技术进步一开始给农民提供的是蒸汽驱动的机械力量，帮助他们驯服不断涌现的大量新土地资源——南美大草原、澳大利亚的温带地区、东欧以及俄罗斯全都被开垦为耕地。从19世纪50年代开始，英国的自耕农在国家政局稳定的条件下，享受到了较高的小麦价格、大量农业工人以及可投入新型农业机械的利润，并见证了小麦种植面积的扩大。后来，随着石化产品和石油工业走上历史舞台取代蒸汽机，小麦的革命也将小农户和手工业者转变成了企业职员和机器操作工。

诚实的磨坊主

正如常见的那样，获利最高的并不是生产者，而是中间人。在这里，中间人就是磨坊主。创造出可以磨面的水力或风力磨坊的工程师掌握了最早的工业生产方法之一。在未实现机械化的社区里，手动的石磨则满足了当地家庭的需要。在北欧，早期的磨坊是以水为动力的。这些磨坊或者建在河流的上游，那里水流湍急，或者建在水位较低的地方，这样就可以利用大片水域里的水来为磨坊提供免费的动力。磨坊的水车轮要么固定在磨坊下方，要么安装在磨坊的一侧。

在中东和地中海地区，磨坊主利用的是风力。这种技术在基督教十字军的帮助下，逐渐传播到了北欧。慢慢地，水力磨坊让位给了效率更高的风力磨坊。在19世纪典型的罩衫风力磨坊（其名称源于当地工人所穿的传统一件式罩衫）上，四个帆布覆盖的翼板像巨型风扇一般在微风中旋转。这些翼板驱动着一个带齿轮的轴带动磨盘旋转，磨盘上凿了槽沟来磨碎谷物，使面粉落到磨坊主放在下面的袋子里。社会上逐渐形成了一个打磨磨石的行业，这个行业有着自己独特的技巧和技术术语，但现在已经被世人所遗忘。法国马恩的采石场非常有名，这里的磨石是用一段段的石英石组成，外面箍着一个铁圈。而在英国德比郡的采石场，磨石的材质则是粗砂岩。不论磨坊的磨石是产自前者，还是来自后者，磨坊主都会把磨石打磨匠人找来，对他们吆喝一声："让大家看看你的家什吧。"让他们重新打磨磨石。一个忙碌（也就是说有经验）的打磨匠人手上总是嵌满磨石劈斧上掉下来的金属屑。不过随着锻造厂开始制造出以柴油为动力的发动机和旋转的钢辊，老式磨坊遭到了淘汰，传统磨坊主也转而开始以风力为动力。经过几代人的努力，磨坊主们创建了现代社会市值最高的几个工业帝国，它们最终在20世纪发展成为跨国公司，如英国联合食品集团、嘉吉公司和联合利华。

石烤面包

从公元前1186年开始，古埃及法老拉美西斯三世统治了埃及30多年。在他那已有3000年历史的陵墓上，一幅蚀刻画描绘了皇家烘焙师拿小麦工作的场景。画面中，小麦在去除麦壳之后被磨成面粉，然后做成面团，放进一个砖和泥砌成的烤炉中烤制。而这个烤炉跟现代意大利比萨店不会有丝毫不协调的地方。可惜的是，石磨磨面会导致面包中掺进碎石屑。考古学家不仅在古墓中发现了供逝者前往死后世界的旅程中享用的古老面包，而且发现了他的牙齿因食用过多含沙砾面包而受损的证据。

富含蛋白质

小麦富含维他命、矿物质、淀粉和蛋白质，而且便于运输和储存。小小的麦粒当中充满了供养全世界的能量，并且自石器时代开始就成为人类赖以为生的食物。

郁金香

Tulipa spp.

原产地： 南欧、北非和亚洲的山区
类型： 观赏性球根花卉
高度： 最高3英尺（约1米）

○ 食用价值
○ 药用价值
● **商业价值**
○ 实用价值

来自他们床上的荷兰郁金香，
高昂着仪态高贵的头。
——《明星历险记》（1825），詹姆斯·蒙哥马利作

郁金香是世界上第一种商品花。17世纪在荷兰曾爆发一场追捧郁金香的狂潮，人们如癫狂一般纷纷拿出大笔钱财，只为买一个郁金香的花球。郁金香不仅是尼德兰画派的灵感之源，而且仍然是世界各地花卉节的焦点。

奔向荷兰

1629年，弗兰德艺术大师彼得·保罗·鲁本斯跟自己年轻的新婚妻子海伦·富尔芒之间的对话又多了一个奇特的新主题——郁金香花球那令人不可思议的天价。圣诞节的三个礼拜之前，他刚刚娶了海伦。此时的鲁本斯已有53岁，而海伦则年仅16岁，跟他的长子艾伯特同岁。尽管二人的年龄差距悬殊，但二人却很般配。在鲁本斯生命的最后十年，他的第二任妻子给他带来了快乐的生活，并且给他生下了五个儿女。当时，这位艺术家已跻身社会中流砥柱的行列，希望能改造自己家中的花园。他的家就位于安特卫普的中心，现在被称作鲁本斯故居。

当时，变化之风正横扫弗兰德的平原和荷兰那整齐有序的花园。在家庭生活当中，人们关注的已经不再是实用的厨房和草本园。追捧意大利时尚的荷兰人纷纷开始建造景观园。园中装饰着几何造型、乔木、凉廊和有着涓涓细流的喷泉等任何能够衬托出新传入这个国家的那些新植物品种的东西。

如今，每年春天都会有很多人来到荷兰欣赏郁金香花田。这些花田占地25000英亩（约10000公顷），代表了占全球60%鲜切花份额的一门生意和大约100亿个花球。

在17世纪早期，早在郁金香开始流行之前，人们的花园就起了变化。曾经专属于医生和厨师的花朵开始得到专门的研究，并因其装饰性而受到人们的重视，而荷兰亦将成为郁金香的精神家园。郁金香大多生长在中亚的天山和帕米尔—阿赖山脉一带，早在其传入欧洲之前就已被传播到了中国。千年以前，土耳其园丁就培育出了现在扮靓了荷兰的郁金香，因而十分有

名。虽然郁金香是荷兰的标志，但它同时也是匈牙利、土耳其以及"郁金香之国"吉尔吉斯斯坦的国花。

1593 年，查尔斯·德·埃克吕斯开始在荷兰莱顿大学担任植物学教授。正是他为荷兰引进了郁金香。1594 年，这种花首度在荷兰绽放开来。不过埃克吕斯曾记录下几年前安特卫普一个愚蠢的商人干的一件蠢事。这名商人收到了一批来自东方的布匹，其中有几个郁金香花球。他吃了其中几个花球，并很嫌弃地把剩下的几个扔进了自己的花园里。因此郁金香是否是于 1594 年首度绽放在荷兰仍然有待商榷。

埃克吕斯是通过朋友奥吉尔·盖斯林·德·比斯贝克购买的花球。此人身担弗兰德驻伊斯坦布尔大使一职。当时一个流传甚广的故事说，比斯贝克和他的一个同仁在土耳其旅行的时候见到了野生的郁金香。他指着这种植物向一个戴着头巾的农民询问它的名称。结果，这个农民却误以为这个异乡来客喜欢自己的头巾，于是回答说"tulipand"，意即穆斯林的包头巾。这位外交官记下了这个名称，不过后来却发现这种花实际上在这种语言当中应该叫做 Laâle。而奥斯曼帝国的鼎盛时期就被称作 Lale Devri，意即郁金香时代。

在莱登大学，埃克吕斯不断宣传自己的郁金香，并且为了植物学的发展，很慷慨地将花球分发给了身边的爱好者和艺术家，如雅克·德·吉恩二世和鲁本斯（他很欣赏鲁本斯的作品）。不过，他拒绝将自己的花球卖给只想赚钱的中间商。郁金香的买卖也逐渐失控。1637 年，一个郁金香花球可以卖出 6700 荷兰盾，相当于阿姆斯特丹运河旁一栋带花园的房子或者荷兰人平均年收入的 50 倍。失败的卖家们想出了一个绕过埃克吕斯的原则的办法，那就是窃取他的藏品。而他们盗来的这些花球也将构成荷兰未来的鲜花工业的基础。

时间回到 1630 年，鲁本斯开始创作自己最后的一系列作品，大量描绘自己的生活环境——他的房子、爱妻、花园和新花朵。在那些蕴含着最浓烈的情感的画作当中，有一幅描绘了他的家人漫步在花园之中，走向鲁本斯故居当中那有着巴洛克风格的柱廊。仿佛是对郁金香狂热的预言，鲁本斯在其中加上了一行郁金香。

人这一生是如此的甜蜜。
——《教堂中的弥涅墨斯》（1858），
威廉·约翰逊·科瑞作

香荚兰
Vanilla planifolia

原产地： 墨西哥和中美洲的沿海雨林
类型： 热带攀缘兰科植物
高度： 可高达 100 英尺（约 30 米）

◎食用价值
◎药用价值
◎商业价值
◎实用价值

16 世纪，阿兹特克人最后的首领蒙特苏马将香荚兰晒干的豆子作为礼物送给了西班牙人。后来这种植物被带到了世界另一端的印度洋群岛上，成为一种利润丰厚的商品。在现代的食品烹饪当中，香草香精被广泛应用到了冰激凌等各种食品当中，是一种重要的调味料。

漫长的收获

在马达加斯加的首都安塔那那利佛，游客们或者漫步于集市的广场，或者登上台阶，前往城市中的花园。无论他们走到哪里，身边都围绕着一群女人或小孩，向他们兜售用塑料袋装着的不多几根干瘪的树枝一样的东西。可这些东西的价格即便对于游客来说，也高得离谱。这是因为，里面装着的是香草豆荚。它不仅是世界上最昂贵的香料之一，而且由于其特性，它的制备也要求花费大量时间。

1519 年，阿兹特克人强大的首领蒙特苏马和他的谋士们接到消息说来了一群携带武器的人，他们认为，这预示着他们的造物主已经回归。蒙特苏马已经在都城特诺奇蒂特兰（这座城市的规模是伦敦的 5 倍）统治阿兹特克帝国 17 个年头了，一直虔诚地供奉着羽蛇神，定期在大神庙向这位神明奉上人祭。

蒙特苏马下令给这些肤色苍白的神明献上了这座城市当中某些最昂贵的礼物，并给他们的首领赫曼多·科尔特斯送上了这个国家最美味的饮品巧克力特尔。然而不久之后，他就遭到了这群客人的谋杀，没有任何人知道这个中到底发生了什么曲折。虽然这种饮料的主要成分是可可粉，但其中还含有来自不同异域植物的神秘味道，没有任何一个欧洲人曾品尝到过这种味道。这些植物包括胭脂树籽、辣椒以及香荚兰。其中香荚兰是最稀有的一种。

从不幸的蒙特苏马到美国佛罗里达、澳大利亚悉尼或者新西兰威灵顿的某些码头，历史发生了巨大的飞跃。这几个地方依次消费了世界上最多的冰激凌。虽然结合了香草和太妃糖的奇异

果口味廉价冰激凌的受欢迎程度仅次于香草味冰激凌，但最受欢迎的冰激凌口味则是后者。而且尽管在某些食物当中人们很难分辨出添加的是天然香草还是人工香草，但在测试添加了天然香草的冰激凌时，人们判断正确的比例仍然很高。

香荚兰含有 250 多种活性成分，其中包括香草醛，正是这种物质创造出了那种令人难以抗拒的口味。由于成本高昂，人们并不会随意使用香荚兰。不过由于其香气独特，它还是被添加进了巧克力和蛋奶糕等食品以及香水、牙膏等东西当中。香荚兰还被用于芳香疗法，而一些有关香草味贴片的试验显示，其化学物质甚至能降低人们对巧克力的食欲。

香荚兰为什么如此昂贵呢？答案就掩藏在它的种植之中。在南美洲，香荚兰的花朵经过蜜蜂和蜂鸟的授粉之后就会结出香草荚（或者香草豆）。蒙特苏马突然离世之后，西班牙人严密控制了香草的生产，同时将其与巧克力的生产相结合，并拿它来搭配传统西班牙小油条食用。西班牙小油条经过油炸，通常蘸着浓稠的热巧克力吃。

19 世纪早期，香荚兰已经被带到了毛里求斯，并从这里传播到了印尼、波本群岛和马达加斯加。不过这些地方的种植者却遇到了一个难题，那就是这些新环境当中缺乏天然授粉者来为这种淡绿色的兰花授粉。他们只能拿一种带尖的小棒插进每一朵花中来给植物人工授粉。在之后的六到九个月当中，种荚在花藤上慢慢成熟，然后被收割下来，放在太阳下晒干。晒干的豆荚会被羊毛毯子包起来促进发酵。在之后的几个月当中，这些豆荚会被放进密封的金属盒子里进行熏制或发酵。

由于香荚兰价格高昂，收获费时费力，人们开始大力研究寻找合适的替代品。事实证明，全世界每年约 550 万吨的香草消费量是很难满足的。不过，人们已经开展了多种试验，试图用其他物质来制造香草。这包括丁香油、木质素（木材当中发现的一种化合物）以及一种被认为能够将在水果和甜菜当中的一种常见化学物质转化成香草醛的土壤细菌。对于马达加斯加街头的香草小贩来说，这些试验给他们带来了一个充满了未知的未来。

欺骗的乐趣

香草是唯一一种专门为食物调料而种植的兰花。烘干和发酵的香草荚并不吸引人的外观掩盖了它内在的香甜。

香草冰激凌

17 世纪，冰激凌就深受英国王室的喜爱。到 18 世纪 80 年代托马斯·杰斐逊收集冰激凌配方的时候，香草就已经被人们加入冰激凌当中来调味了。19 世纪 40 年代，南希·约翰逊发明了一台手动冰淇淋机。而在此前的 18 世纪晚期，冰激凌就已经拥有了大量拥趸。

酿酒葡萄
Vitis vinifera

原产地： 西亚
类型： 爬藤植物
高度： 依栽培差异，可生长
到 50 英尺（约 15 米）

◎食用价值
◎药用价值
◎商业价值
◎实用价值

在农村，人们种植秋葡萄的历史至少已经延续了 5000 多年。尽管如此，酿酒葡萄的相关行业则是在古罗马人开始利用它之后才开始走向世界的。

大买卖

葡萄可以做成葡萄干和果醋等，但主要被用来酿造葡萄酒。古埃及人认为，葡萄酒是法老守护神荷鲁斯的眼泪。在 21 世纪之交，葡萄酒制造商每年的产量高达 300 亿瓶，而且市值高达 1000 亿美元的葡萄酒市场的规模还在不断增长。

时间走到公元 2000 年的时候，我们即使是待在偏远的小岛上，也不会买不到一杯葡萄酒，哪怕这葡萄酒并不怎么可口。全世界几乎每一个非伊斯兰国家都有葡萄酒消费，不仅如此，这其中大部分国家也进行葡萄酒的生产。在西欧、加州、澳大利亚、新西兰、南非、巴尔干半岛以及南美洲，葡萄园占地面积惊人，高达 2000 万英亩（约 800 万公顷）。在日照充沛的条件下，这些葡萄园的年产量通常在 6000—7000 万吨之间，这也意味着我们可以酿造出大量的葡萄酒。

酿酒葡萄有很多不同的品种，包括香气浓郁的德国琼瑶浆或味道稍弱的西班牙里奥哈，还有一种气味较重的新西兰长相思或需在橡木桶中陈化的意大利霞

多丽。几个世纪以来，葡萄酒商人致力于实现产品品质的稳定和产品的标准化，来提高利润并降低成本。这个行业正在实现自己的目标：普通超市的葡萄酒货架也许摆满了无数不同的产品，但它们几乎全都是批量生产出来的，乘坐货轮被大批运输到世界各地，然后通过卡车抵达最终的零售卖场。而看看它们从葡萄架到货架所经历的长途跋涉，这些葡萄酒的价格简直低得令人不可思议。

2004 年，世界卫生组织估测，过量饮酒正杀死世界人口总量的 3%，并损害了另外 4% 的健康。根据该机构的数据，有 20%—30% 的肝硬化、癫痫、食道癌和肝癌病例是酒精引起的。毫无疑问，除了威士忌跟啤酒，葡萄酒也是其中的元凶之一。

大众市场

葡萄是一种奇迹一般的小果子，大约 6000 万年前就诞生在了地球上。它的野生后代生长在东欧，被称为野生亚种。这种葡萄对于酿酒来说十分难以掌控，因为它是雌雄异花，必须授粉才能结果。而经过驯化的亚种则是雌雄同株，可以给酿酒师结出更多的葡萄。

人们是在何时何地开始酿造葡萄酒仍然是一个备受争议的话题。葡萄酒也许最早出现在 5500 年前的伊朗。早在希腊人将葡萄栽培转变成为一种利润丰厚的行业之前，古代中国和埃及的绘画与雕塑就展现了葡萄酒酿造和饮用的内容。

第一批葡萄酒几乎可以肯定是一个令人快乐的意外。由于葡萄跟许多其他水果一样含有果汁和糖分，因此天生就很容易发酵。压碎的葡萄只要能碰上野生酵母菌就可以发酵，而在葡萄的周边环境当中，甚至是它的表皮上就生长着丰富的酵母菌。处理葡萄酒的诀窍就在于在发酵结束的同时稳定酒质，并将其保存在酒瓶或者酒桶之中。正是这一点决定了酒质的高低。不

小天使

在意大利画家圭多·雷尼 1632 年创作的这幅画当中，酒神巴克斯头戴葡萄藤做成的花冠，正在纵情痛饮葡萄酒。在当时，意大利已身处地中海葡萄酒行业的最前沿。

论葡萄酒的起源在哪，它注定会在茶叶、咖啡和巧克力传播到南欧之前成为这里最流行的饮品。穆斯林是禁止饮酒的，而对于他们之外的世界来说，酿造葡萄酒是一种传统的乡村手工业。它跟酿啤酒一样，是乡间生活的一部分；也跟酿苹果酒一样，制作简单，原料唾手可得。每逢有集市，一瓶瓶的葡萄酒就会被装进农场的马车里，一路叮叮当当地拉去镇上，或者用驴子驮到村子的酒窖里。孩童断奶所喝的葡萄酒跟自己的祖父母喝的一样，都加了水，因为这比喝水更安全。人们招待客人时，也会给他们奉上一杯葡萄酒。

在诺曼底跟布列塔尼等苹果酒产区之外，在法国、加利西亚、阿斯图里亚斯和西班牙，葡萄园是各个村庄最重要的经济来源之一。律师、医生和市长也许都会给自己的葡萄酒多付一

点钱，但每年要对本地的乡村酒进行评判时，从葡萄果农到樵夫，每个人都是行家。

葡萄酒的酿造工艺得到了中世纪时葡萄酒的大卖家——修道院——的不断完善。在举行圣餐仪式时，面包和葡萄酒分别代表了耶稣的身体与血。由于修道院在举行圣餐仪式的时候要求有葡萄酒，因而修道院不仅虔诚侍主，而且也向葡萄倾注了很大精力。举例来说，勃艮第的熙笃会就建在法国部分最好的葡萄种植地上。在这里，修士们精心培育葡萄，给葡萄园建起了围墙来保护自己的葡萄树。

他们学会了利用周边土地的地形条件。在北欧，葡萄树被成排种在山的南坡上，以便在最大程度上受到光照。树与树之间空间紧密，使其能够在夜晚保持热量。而在温度特别低的晚上，人们还会升起火堆或火把，以防结霜。在更靠南，气候也更温暖的地区，葡萄树的种植位置考虑到了互相遮阴的需要，而且使其能在枝干更高的地方挂果，以便凉风能从低处穿过。

作为主要的土地所有人和科研力量的核心，教会在葡萄酒行业的发展过程当中发挥了中心作用。经过无数个世纪的培育，葡萄树品种达到了 5000 多种，其中大约有 30 种成为葡萄酒的酿造当中使用最多的葡萄品种，它们包括赤霞珠、黑比诺、西拉、梅洛、霞多丽、雷司令、麝香、白诗南、长相思和赛美容。

修道院败落之后，古老的葡萄园继续树立在大地上。15 世纪，勃艮第公国的势力空前强大起来，甚至威胁到了法国的稳定。不过在 1477 年南锡之战期间，他们的领袖、勃艮第公爵勇士查理不幸战死。直到此时，勃艮第才真正转变成为法国王冠上的一颗明珠，给法国国王带来了滚滚财源。有一种刻薄的说法说，勃艮第之所以名气这么大，是因为外国人念能念出沙布利、香贝丹、波玛以及马孔这样的葡萄酒名称。然而今天的勃艮第却可以自豪地说这里拥有法国最多的原产地命名认证。

全世界的葡萄酒

上好葡萄酒的兴起得到了软木塞和酒瓶的问世助力，而可

靠在我身上

"愿你以秋波代酒为我祝福。"在这幅画中，森林之神扶住了已然沉醉的狄俄尼索斯。此画的作者是雕刻家兼版画家马尔坎托尼奥·雷蒙迪，他逝世于 1534 年。

酒神们

传说，从小亚细亚（今土耳其）给希腊带来葡萄酒的是希腊神明狄俄尼索斯，他是宙斯之子，出生了两次。他的女性崇拜者又被称为米娜德，非常有名，会把自己打扮成牛的样子。狄俄尼索斯代表了青春俊美的酒神。在罗马神话中，他的名字叫做巴克斯。在此之前，古埃及人尊欧西里斯为酒神，而比他们更早的苏美尔人则崇拜"葡萄藤之母"姬丝汀。

以放倒并保持软木塞潮湿的酒瓶的发明则标志着葡萄酒发展过程当中一个具有重大意义的阶段。

18—19世纪，瓶装葡萄酒的销售和出口发展迅速。当时，意大利每十个人就有八个从事着与葡萄酒相关的产业。而在波尔多的拉图、拉菲和玛歌等大酒庄，法国开始效法阿诺特·德·波塔克三世的做法。17世纪时，作为上布里昂酒庄的主人，波塔克率先开始了上等葡萄酒的酿造，严格挑选葡萄品种并谨慎控制酒窖中的活动。尽管英法两国之间长期剑拔弩张，但英国人却难以拒绝享受法国的葡萄酒，而波尔多最上等的葡萄酒的价格则是其他葡萄酒的三倍之多。

酿酒葡萄也在世界的其他地区留下了自己的痕迹。西班牙人将葡萄树带到了被自己征服的拉丁美洲，尤其是智利。而澳大利亚的葡萄则发端于1788年亚瑟·菲利浦船长带来的葡萄藤。19世纪50年代，天主教会在霍克斯湾建立起了葡萄园，而这也将成为新西兰最古老的葡萄园。

葡萄向美国的引进标志着一个新行业的诞生，而这个行业将使美国成为继法国、意大利和西班牙之后的第四大葡萄酒生

有趣的行业

　　1890年出版的一期《笨拙画报》上写道："根瘤蚜是真正的美食家，它能找到最好的葡萄园，并且在其中最好的葡萄树上安家。"

衰退

　　掌握用软木塞密封葡萄酒瓶的简单技术预示着优质葡萄酒的诞生。不过根瘤蚜的爆发却沉重打击了欧洲的葡萄酒制造商。

产国。然而它却未能提前预见到 个问题，那就是根瘤蚜。根瘤蚜是一种体型跟针头差不多小的昆虫，不过它却有着很大的胃口。但是，它爱吃的却不是美国的河岸葡萄，而是欧洲的酿酒葡萄。若不是出现了蒸汽轮船，这个问题本可以只局限在美国一地。

1837 年，英国工程师伊桑巴德·金德姆·布鲁内尔目送着自己建造的专用轮船大西部号从英国布里斯托港口的码头上起航。一年之后，大西部号打破了最快横跨大西洋抵达纽约的纪录。就在这次航行启程之前，布鲁内尔不幸摔伤，导致只剩 7 名乘客没有退票。尽管初航不顺，但蒸汽轮船大大缩短了欧美两地之间航行所需的时间，这也使得致命的根瘤蚜活了下来。而由于依赖帆船横跨大西洋所需时间更久，根瘤蚜原本是活不下来的。19 世纪 60 年代，根瘤蚜灾害爆发了。在霉病的双重打击下，根瘤蚜重创了欧洲的葡萄园。最终的解决办法就是将欧洲酿酒葡萄嫁接到抗根瘤蚜的美洲初生主根上。然而这个办法出现得太晚，欧洲大部分葡萄园都未能幸免，相关行业直到将近一个世纪之后才恢复元气。在科技进步的帮助下，美国、澳大利亚、南非和新西兰的葡萄园纷纷崛起，填补了市场空白。到 20 世纪，尽管欧洲的葡萄园已经发生了天翻地覆的变化，但法国、意大利、德国和西班牙四国的葡萄酒生产和消费仍然比全世界任何一个国家都多。

为什么在印度或中国，葡萄酒不像在欧洲这么重要？先进的玛雅和印加文明拥有着野生葡萄，但却不生产葡萄酒。早在 2000 年前，印度就有种植葡萄和生产葡萄酒的历史，可是它并没有建立起大规模的葡萄酒行业。中国则有着更加悠久的葡萄酒酿造历史，可是在中华文化当中，葡萄酒的地位也从来不像它在欧洲这么重要。

欧洲的葡萄酒之所以能够成功，其背后的原因跟一个文明有关，这个文明不仅创造了地下供暖、热水浴池、混凝土、合理的街道规划和道路建设，而且还杀害了最早的基督教徒。它就是古罗马文明。

耶稣之血

佛罗伦萨圣十字圣殿这幅有关于圣餐仪式的画可以追溯到 1894 年，展现了人们吃面包喝酒庆祝圣餐的宗教仪式。

原产地命名控制的缘起

1910 年和 1911 年，香槟酒工人冲进自己的工厂，打碎了酒瓶和酒桶，将一车车的葡萄倒进了河里。这些暴乱分子发泄自己对于从本地区之外运来的葡萄的不满。这些葡萄之所以会进入这里，是因为当地发生了根瘤蚜灾害，而且还出现了几次葡萄歉收。这迫使法国政府给香槟地区派来了军队镇压，并开始在此推行原产地命名控制制度。这有效防止了其他地区生产的气泡酒被称作"香槟"。

有谁栽葡萄园不吃园里的果子呢？
——《圣经·新约·哥多林前书 9:7》

古罗马人与葡萄园

随着罗马人征服了欧洲大陆，西班牙、葡萄牙、法国和阿尔及利亚都出现了葡萄园。

葡萄园教会

随着 20 世纪 70 年代葡萄园教会的建立，葡萄与基督教之间的联系再一次得到了强调。这项运动兴起于在加州音乐人家里聚会的圣经学习团体，并且很快就引起了美国最著名的歌手兼作曲家鲍勃·迪伦的注意。在该组织的创始人当中，总是一身嬉皮士打扮的朗尼·弗里斯比神父因为自己的同性恋身份而被排挤出了教会。

古代最伟大的人物之一——凯撒大帝——于公元前 44 年遭到了刺杀。在此之前，他策划了一场长达八年的活动，要将高卢，也就是今天的法国变成意大利的一个行省。他的甥孙（也是他的养子）奥古斯都继续推行了凯撒的事业。从奥古斯都去世的公元 14 年到马克·奥勒留死亡的 180 年被称为古罗马和平时期，在此期间，这个先进的文明一直都在种植葡萄园。尽管他们十分热爱本国的葡萄，比如古罗马南部的法勒诺姆，认为它们比任何其他葡萄都更好，但他们还是沿着新领土一路种植了很多葡萄，这包括西班牙、希腊、高卢、德国和不列颠南部。要不是基督教的传播，那么随着古罗马帝国的崩溃，古罗马的葡萄酒本该跟古罗马的火炕和热水浴池有着同样的命运，尘封于千年的时光当中，然后在偶然的机遇之下重新兴起。它跟古罗马帝国有着难分难解的联系。

在将耶稣钉上十字架的过程中，古罗马人也在无意之间保证了葡萄的未来。耶稣在最后的晚餐中吩咐门徒与自己分享食物和酒。他本可以选择鱼和泉水，也可以选择蛋糕和麦芽酒，但最终，他选择的却是面包和葡萄酒。皈依了基督教的古罗马人将这种宗教及其仪式上所使用的酒转变成了西方文化当中的一个重要元素。基督教传播了博爱的理念，而一杯上好的葡萄酒也激发了相同的情感观点。

耶稣的神迹

根据《约翰福音 2-11》，耶稣所行的第一个神迹是在加利利的迦拿的一场娶亲筵席上，他将水变成了美酒。

玉米

Zea mays

原产地： 美洲
类型： 一年生禾本科植物
高度： 5—6 英尺（约 1.5—1.8 米）

◎食用价值
◎药用价值
◎商业价值
◎实用价值

黎明时分，一个赤裸着上身的年轻劳动者大步沿着道路向田野走去。他犹如一幅充满了健康与活力气息的画面，给他要摘的这种富含蛋白质的农作物——玉米——做出了极佳的注解。

神秘的起源

在大米和小麦之外，玉米是这个星球上的第三大重要谷物。在被船运到旧世界之前，玉米促进了南美洲有史以来最伟大的两个文明的崛起。只用了不到两个世纪的时间，这种金色的谷物就成为用途之广堪比塑料的工业产品，而且它还跟苹果一样，可以不断生长。随着化石燃料的供应不断萎缩，玉米会成为未来的燃料吗？

玉米有很多不同的面目，如甜玉米、印第安玉米、玉蜀黍、玉米棒子以及爆米花等，它最早是由美洲印第安人驯化的。玉米维持了众多文明的发展，这不仅包括托尔铁克、阿兹特克、玛雅和印加等伟大文明，而且还包括"全新"的美洲文明。正如威廉·柯贝特在自己1821 年出版的《农舍经济》一书中所说，"世界上最好的肉猪"就是"用这种玉米来养肥的"。玉米也非常出色地喂养了人类。1810 年，美国人口约为 700 万。一个世纪之内，在以玉米为主食的情况下，这个数字增长到了接近 9200 万。玉米 18 世纪进入西班牙之后，也助力了该国人口的高速增长。

玉米每年播种之后，经三到五个月开花。最先开出的是玉米植株顶端的雄穗。下面的玉米茎上生长着玉米穗，

玉米谜题

尽管还需要最后的证明，但人们认为玉米最早是在墨西哥南部地区开始人工种植的，也是从这里传播到了南北美洲。

其末端是娇嫩的花丝，形如蕨类植物的叶子。作为风媒花，雌花便是在这里受粉。在叶子的包裹下，玉米的花穗、包皮或玉米穗轴构成了一个长满了颗粒饱满的黄色谷物的玉米棒。每棵玉米植株最多能结两个玉米。人们收获的时候在一排排玉米植株间穿行，把玉米掰下来，扒开叶子，就露出了其中一排排甘甜光泽饱满而又富含蛋白质的玉米粒。玉米一摘下来，其中所含的糖分就转换成了淀粉，这就是为什么菜园离家越近，甜玉米就越好吃。在1936年出版的《园丁指南》一书中，作者 E. A. 布尼亚德就提出过相似的建议。同样的，玉米可以用不同的方法来烹制，既可以带着叶子烤着吃，也可以把叶子剥掉，蒸着或煮着吃，还可以在脱粒之后生吃、烹饪、晒干或压成早餐吃的玉米片，更可以磨粉做成玉米面饼，或者放进热锅里做成爆米花。它是一种吃法相当多样的植物。不过，玉米的物理结构却让它在生物方面有一大劣势，那就是它不会自我繁殖。要想下一年能种玉米，必须有人摘下一个玉米，将其保存到可以种植的时节，然后再亲手将玉米粒扔进地上挖出的洞里。人与植物之间这种相互依存的关系以及人类是如何学会充分利用这种奇迹一般的食物的，对于玉米的历史来说非常关键。

最早的人工种植玉米也许出现在瓦哈卡州的墨西哥西南部地区。玉米田可能一直延展到了特瓦坎河谷，沿墨西哥湾和太平洋沿岸，向北一直达到了美国的西南部地区，并一路向南，扩张到了南美洲高原。每当农夫的手指穿过一粒粒玉米，为下一年选种时，他都会选择其中最好的玉米。选种的过程见证了这种植物在各地的不断进化和改进。

玉米叫法面面观

墨西哥人根据玉米之神的名字 Cinteotl 称玉米为 Cintli，古巴印第安人则叫玉米是 Maisi。哥伦布的记录曾提到这种农作物："印度人叫 Maiz……西班牙人叫 Panizo。"对于欧洲人来说，玉米一开始只是另一种普通谷物而已。意大利人叫它珍珠麦，英国人叫它外来的食物，称它是印度或土耳其玉米。不过卡尔·林奈却对这种农作物的潜力有所预见，将这种所谓"Turcicum frumentum"（意即土耳其谷物）重新命名为 Zea（生命之源）mays（我们的母亲）。欧洲人接受了 Maize 这个叫法，而当时正在推行西进运动的美国人则叫玉米为 Corn。正如1893年芝加哥的一条标语所说，玉米就是"农业世界的征服者"。

用途广泛的玉米

玉米跟小麦和大米一样，在世界各地也是一种重要的谷类农作物。它可以拿来烤成面包，直接吃，或者做成玉米酒。

小麦的野生源头可以追溯到 6500 年前中国的湖北盆地和长江三角洲。我们在二粒小麦和一粒小麦当中可以识别出野生小麦的基因。然而人工种植玉米与其野生近亲之间的基因联系却还需要最终的证实。在缺乏生物历史证据的情况下，玉米起源的传说有几分可信性呢？

一个神话提到北美印第安人刚刚诞生时，其中一个人厌烦了挖掘植物根茎，于是他在大草原上躺了下来，开始做梦。但是一个异象却打断了他的幻想。一名长着金色长发的美丽女子站到了他的近前说："如果你照我说的做，我将永远跟你在一起。"然后，她拿起棍棒，教他如何用干草来摩擦生火，将土地上的东西化为灰烬，并对他说："太阳落山以后，拉着我的头发走过炽热的余烬。"他遵从了这名女子的话。不论他拉着她从哪里走，女子的身后都会长出一种像草一样的植物。这份礼物也意味着他的人民再也不必挖草根为食了。

在另一个传说当中，印第安勇士哈瓦沙的人民遭遇了食物匮乏的困境，忍饥挨饿。这令他感到十分焦急，于是他离开了自己的村庄，开始斋戒。到了第四天，玉米之神现身在他面前，向他提出了摔跤的挑战，并且许诺说，只要哈瓦沙能打败自己，那哈瓦沙的人民就可以得救。于是比赛开始了，二人接连比赛了三晚上。虽然哈瓦沙因饥饿而变得十分衰弱，但他最终还是打败了对方。他杀死并安葬了玉米之神，后来，玉米从这座坟墓上生长了出来。

早在 4500 年前，玉米就吸引了秘鲁沿海的土著居民。之后，它不断生长和进化，直到 13 世纪时游牧的阿兹特克人进入墨西哥河谷。1325 年，当欧洲仍然还深陷于黑死病的泥潭之时，阿兹特克人已经开始了特诺奇提特兰，也就是当今的墨西哥城的建设。这座城市位于特斯科科湖以南两座遍布沼泽的小岛上。这里的农民往湖里填埋了大量泥土，并种植树木以加固土地，为自己的玉米创造出了一种名为奇昂帕的架高良田。阿兹特克人通过与周边邻国结盟来维护和平，而他们的农民则严格遵循其 365 天的详细种植和收获守则来劳作。阿兹特克人将一年分为 18 个月，每月有 20 天。剩下的 5 天相当于我们的"黑色星期五"，被认为是非常不吉利的日子。他们还有一种很深的迷信观念，那就是如果不定期以人的心脏为贡品，那他们的人民和农作物就会被可怕的太阳神维齐洛波奇特利所抛弃。

与此同时，南美的一群土著手工业者和农民——印加人——也在秘鲁山区的库斯克峡谷扎下了根。他们建造了梯田和沟渠来灌溉自己种植的玉米及其近亲马铃薯。后者被种植在地势更高的地方，并被储存起来，作为玉米的补充。15 世纪，印加帝国在统治者帕查库蒂的带领下，往南扩张到了玻利维亚和智利。很快，他们又向北扩张到了厄瓜多尔，创造了一个由 19000 英里（约 30000 公里）的路网连接起来的庞大帝国。使用这些路网的信使传递帝国政令的速度可以高达 150 英里（约 240 公里）每天，令人惊叹。与此同时，身处中世纪的欧洲则因怀疑一名农民的女儿——圣女贞德——是异端，而将其活活烧死。

1519 年，阿兹特克占星家在都城特诺奇提特兰上空观测到一颗彗星，预测说这是一场即将降临的灾难先兆。而这场灾难就是一名来自西班牙的军人赫曼多·科尔特斯。他头戴金属头盔，身穿金属战甲，并且骑马配枪。他还率领了一支 500 人的军队，成员都与他有着相似的装束。

在欧洲人踏足之前，美洲约有 2500 万土著人口，是全世

大厨
19 世纪 30 年代，在墨西哥的一个小棚屋中，妇女正在磨玉米面、烤玉米面饼。在磨面之前，玉米会先在石灰水中进行浸泡和烹制。

界最为地广人稀的一片肥土。科尔特斯带着自己的这一小支部队抵达了特诺奇提特兰，等欢迎他们的仪式一结束，就残杀了当地印第安人的贵族。1520 年，阿兹特克伟大的统治者蒙特苏马不幸身亡，科尔特斯也成了墨西哥的总督。

1532 年，印加人也惨遭西班牙征服者的蹂躏。弗朗西斯科·皮萨罗屠杀了印加所有的统治者，只留下了他们的皇帝阿塔瓦尔帕。西班牙人提出只要缴纳黄金和白银作为赎金就可以放阿塔瓦尔帕走，然而他们在收到赎金之后，却仍然绞杀了阿塔瓦尔帕。在不到 30 年的时间之内，南美两大文明就被彻底摧毁，并为西班牙的殖民统治所取代。

跟古罗马农民崇拜谷神克瑞斯一样，美洲印第安土著也非常崇拜自己的玉米之神。他们会把一条鱼埋到土里（这样起到缓释肥的作用），种下玉米，然后是用玉米秆当架子的甜瓜和利马豆。在这个过程当中，他们会举行传统仪式，表达对玉米之神的崇拜之情。每当收获第一批玉米，他们就会举行仪式，将玉米放在火的余烬中烤熟，来举行绿玉米节。

玉米的迁徙

从新世界将玉米带到欧洲的人是哥伦布，这之后过了不到一个世纪，玉米就传入了中国。另外，玉米也被带到了俄国，用来制作名为"马马利加"的玉米粥。它还被引入了加纳，成为人们的口粮。詹姆斯敦的殖民者起初很瞧不起美洲当地出产的玉米，称它是"野蛮人的垃圾"。然而后来，随着这些人

从种到收
　　玉米是手工一粒一粒种植的。每当他们种下玉米，图中这些佛罗里达的印第安人就会开始期盼绿玉米节的到来和新一年的开始。

去年四月，我给好几个国家都寄去了成包的玉米种了，好发给农民。这种玉米对于世界各地的养猪催肥来说是一个最佳选择。

——《农舍经济》，William Cobbett 1821 年著

玉米倡导者

英国农民兼农业改革家威廉·科贝特是自己口中的"印第安玉米"的倡导者。

依靠这种玉米避免了饥荒，玉米也救了美国。1597 年，约翰·杰勒德在自己所著的《植物志》一书中说："土耳其玉米并不是像某些人想象的那样，产自土耳其统治的小亚细亚，而是来自美洲及其周边岛屿。随着夏季浓烈炽热的阳光逐渐消失，它们也渐渐成熟，正如我亲眼在自己的花园中所观察到的一样。"

1821 年，当农学家威廉·科贝特为英国乡村的劳动者撰写《农舍经济》一书时，玉米仍然还是一种相对较新的植物。他在书中提到："玉米的茎或者穗从植株一侧发育，植株可生长到 3 英尺高，它的叶子则状如菖蒲。"不过，他省略了一点，那就是墨西哥人烤玉米面饼时，会先将米粒放在石灰水中浸泡（他们在北美洲用的是碱水，在美洲中部以及西南部地区用的则是石灰水），然后再将其磨成面粉，做成形状扁平的所谓"面包"（玉米面包缺乏谷蛋白，因此不用发酵）。这补充了玉米中所缺乏的天然赖氨酸。正如威廉·科贝特所警示的那样，人吃太多玉米会中毒，得上"玉米糙皮病"。其病因被归咎于烟酸的缺乏。尽管如此，这种金黄色的谷物却能带来丰厚的利润，种得越多，得到的回报也就越高。

在美洲，随着玉米向西方传播的四大元素——犁、蒸汽动力、磨坊以及植物的选育——在结合起来的同时，南美的玉米也成了一种压迫奴隶的农作物，它也是棉花的有效伙伴。美国南部诸州的这两种主要农作物使奴隶们终年劳作，他们每人每年大约可以完成 6 英亩（约 2.4 公顷）棉花和 8 英亩（约 3.2 公顷）玉米的种植。

玉米从新世界被传入旧世界之前，两地的动植物已然沿着不同的路线实现了独立的发展和进化。然而随着哥伦布打开了植物双向传播的大门，人类的干预也随之取代了自然进化。玉米扭转了世界各经济体之间的平衡，使其重心从中国转换到了西欧。其影响之一就是，随着传教士将圣经的教义带到新世界，基督教也取得了更高的地位。事实最终证明，玉米是一种历史的伟大转折者。

程度问题

生物技术的支持者宣称转基因作物可以使粮食产量提高 25%，而这可以给额外 30 亿人口提供食粮。反对者则说种植转基因玉米这样的单一作物会导致生物的多样性的丧失，出现超级杂草这样的难以预料的副作用以及对除草剂和杀虫剂的依赖。他们提出，一种更为均衡的农业则可以在不使用生物技术的情况下满足人类的粮食需求。

姜
Zingiber officinale

原产地： 东印度群岛
类型： 外形如竹，有可食用根茎
高度： 3 英尺（约 1 米）

◎食用价值
◎药用价值
◎商业价值
◎实用价值

姜跟姜黄和小豆蔻属于同一家族，因为它所具有的芳香之气，尤其是在储存之后的芳香之气，在中世纪是一种很受欢迎的植物。不过当时的姜是十分昂贵的。在 14 世纪，一磅姜的价格相当于一头绵羊。

宗教复兴

在古希腊和古罗马时代，姜是一种常见的香料。在印度北部，人们称其为 Srngaveram，意即带角的根，而古代罗马人则称其为 Zingiber，并将其从原产地东印度群岛一路贩卖到了欧洲的东南部地区。地中海地区的人们最先喜爱上的是这种植物那结节状的块茎，将它清洗、煮制、去皮之后磨碎，来释放出其辛辣芳香的物质，再用这种东西来给食物调味。在食糖相对缺乏的时代，在蜂蜜糖浆中腌制的嫩姜可谓是一种贵重之物。

随着古罗马帝国的崩溃，这种疙疙瘩瘩的根茎在印度的种植遭到了沉重的打击，姜农也变得日益贫困。不过随着一个新纪元的开启和一个新宗教——伊斯兰教——的诞生，这一切都发生了改变。公元 7 世纪之前，亚洲和欧洲南部主要有三大宗教——印度教、佛教和基督教，它们同时也是世界上最古老的宗教。现在，随着伊斯兰教先知穆罕默德在公元 632 年的逝世，以及其岳父阿布·伯克尔跟下一任哈里发（意即继任者或者统治者）欧麦尔的崛起，伊斯兰教这一新宗教也跻身这一行列。到 14 世纪时，这个宗教已然传播到了中东、西班牙、巴尔干半岛、中亚、印度次大陆并进入了北非。

对于那些被统治的国家来说，一个新帝国的建立很少会意味着什么好消息。然而这通常还是会有一种积极影响，那就是更安全的贸易通道。伊斯兰帝国一开始将都城设在

鼻了，鼻子，可爱的红鼻子；
谁给了你这可爱的红鼻子？
是肉豆蔻和姜，还有肉桂跟丁香。

——《烧火杵之王》，Francis Beaumont 著，1607 年

大马士革，后来又迁到了巴格达。它重开了东西方之间的传统陆上贸易通道。拿起铅笔在任何一幅 16 世纪的非洲地图上勾勒出伊斯兰帝国的领土，你会发现，从今天的厄立特里亚向南，到索马里、肯尼亚、坦桑尼亚和马拉维，这个帝国覆盖了非洲东海岸的大部分地区。沿岸有航运港格德、基尔瓦和索法拉。人们在这里将象牙、食盐和津巴布韦出产的黄铜和黄金换回中国和印度的瓷器、珍珠和玛瑙贝。从摩洛哥到廷巴克图，非洲有将近三分之一的土地处于伊斯兰帝国的统治之下。位于杰内、加奥和廷巴克图的市场汇集了通过伊朗、伊拉克、约旦和埃及运到这里的印度丝绸、瓷器和香料。而廷巴克图当时既是一个穆斯林学者聚集的中心也是一个十分繁荣的贸易港。

迷情之姜

在阿拉伯军队不断征服新疆域的过程中，单峰驼也展现出了自己的优势。慢慢地，它们开始被人用来驮姜、可乐果及象牙等贵重商品。在另外一种商品——非洲黑奴——的陪伴下，商队向着北非海岸进发。在那里，它们将乘船被运往欧洲。每经过一次转手，姜的价格就会上涨几分。尽管如此，它还是通过阿拉伯商人成为一种重要的烹饪和药用香料。

不过姜商们从东方不断地传播流言，说姜是一种非常可靠的催情剂，既能内用，也可以外用。这毫无疑问进一步推高了姜在西方的价格。甚至就在尚未远去的 19 世纪，还有传言说那些爱情骗子只需用磨碎的软姜擦手，就必定能把人骗上床。而英国国王亨利六世提出的用法则没有那么耸人听闻。他建议伦敦市长把姜加进抗瘟疫的药物当中。

据说，后来的英明女王，也就是伊丽莎白一世女皇为了逗乐自己的朝臣发明了孩子们的最爱——姜饼人。

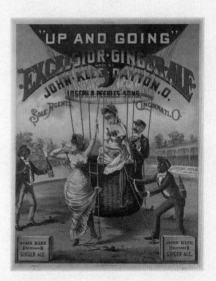

姜能暖身

姜可以暖身，花朵味道刺激，它促进了香料的贸易。在美国禁酒运动期间，加了姜的麦芽酒风味独特，是一种非常受欢迎的饮料。

图书在版编目(CIP)数据

改变历史进程的50种植物 / (英)劳斯 (Laws,B.)著;高萍译. -- 青岛:
青岛出版社, 2015.8
ISBN 978-7-5552-2480-8

Ⅰ.①改… Ⅱ.①劳… ②高… Ⅲ.①植物－青少年读物 Ⅳ.①Q94-49

中国版本图书馆CIP数据核字(2015)第159899号

Copyright©Quid Publishing 2010

Simplified Chinese Rights©Qingdao Publishing House 2016

山东省版权局著作权合同登记号 图字:15-2015-201

书　　名	改变历史进程的50种植物
著　　者	(英)比尔·劳斯
译　　者	高 萍
出版发行	青岛出版社
社　　址	青岛市海尔路182号(266061)
本社网址	http://www.qdpub.com
邮购电话	13335059110　0532-85814750(传真)　0532-68068026
责任编辑	唐运锋
封面设计	祝玉华
版式设计	刘 欣
印　　刷	北京利丰雅高长城印刷有限公司
出版日期	2016年5月第1版　2020年6月第3次印刷
开　　本	16开(710 mm×1000mm)
印　　张	13.75
印　　数	8001-13000
书　　号	ISBN 978-7-5552-2480-8
定　　价	49.80元

编校质量、盗版监督服务电话 4006532017 0532-68068670
青岛版图书售后如发现质量问题,请寄回青岛出版社出版印务部调换。电话:0532-68068629